基于城乡统筹的洞庭湖区镇域空间规划研究与实践

曾志伟　杨　华　宁启蒙　著

中国纺织出版社有限公司

内 容 提 要

城乡统筹是根据我国经济社会发展的阶段性特点提出的重大战略决策。我国在城镇化快速发展过程中高度重视城乡关系，其中使用较多的概念有"城乡统筹""城乡一体化"和"城乡融合"等，这些概念之间既存在交叉重叠又有不同侧重点。本书从城乡统筹的理论研究出发，构建了城乡统筹规划与实践的框架体系；以地处洞庭湖腹地的草尾镇为例，构建了全域城乡统筹规划、城乡统筹专项规划、镇区部分控制性详细规划、村庄规划四级三类的城乡统筹规划体系。本书对洞庭湖区域城乡统筹的规划实践具有积极的借鉴意义，对于我国当前国土空间规划的探索和实践也具有良好的参考价值。

图书在版编目（CIP）数据

基于城乡统筹的洞庭湖区镇域空间规划研究与实践 / 曾志伟，杨华，宁启蒙著 . -- 北京 : 中国纺织出版社有限公司 ， 2023.9
ISBN 978-7-5229-0560-0

Ⅰ．①基… Ⅱ．①曾… ②杨… ③宁… Ⅲ．①洞庭湖－湖区－空间规划－研究 Ⅳ．① TU984.11

中国国家版本馆 CIP 数据核字（2023）第 075407 号

责任编辑：刘桐妍　　　责任校对：王蕙莹　　　责任印制：储志伟

中国纺织出版社有限公司出版发行
地址：北京市朝阳区百子湾东里 A407 号楼　邮政编码：100124
销售电话：010—67004422　传真：010—87155801
http://www.c-textilep.com
中国纺织出版社天猫旗舰店
官方微博 http://weibo.com/2119887771
天津千鹤文化传播有限公司印刷　　各地新华书店经销
2023 年 9 月第 1 版第 1 次印刷
开本：710×1000　1/16　印张：13
字数：180 千字　定价：89.90 元

资助项目

▼ "数字化城乡空间规划关键技术"湖南省重点实验室

▼ "城市规划信息技术"湖南省普通高校重点实验室

▼ 湖南省教育厅科学研究项目（重点项目）：洞庭湖区域水生态空间管控及数字化技术研究（编号：18A398）

▼ 湖南省地质院科研项目：洞庭湖区域水生态空间监测管控研究（编号：HNGSTP202206）

▼ 湖南省自然科学基金项目（省市联合基金项目）：环洞庭湖地区城市化与生态系统服务的交互关系及耦合机理（编号：2022JJ50271）

▼ 湖南省哲学社会科学基金项目：洞庭湖地区乡村人居环境系统脆弱性演变及乡村转型（21YBA174）

▼ 湖南省教育厅科学研究项目（重点项目）："双碳"约束下城市群地区城市用地效率与生态系统服务耦合协调研究（编号：21A0506）

▼ 湖南省教育厅科学研究项目（重点项目）：农业物联网技术利用影响下现代农业示范区乡村空间转型研究（编号：19A090）

▼ 湖南省教育厅学位与研究生教学改革研究项目（重点项目）：数字化背景下城乡规划硕士研究生培养改革与实践（编号：2022JGZD066）

▼ 湖南省自然科学基金项目：现代农业产业园带动下区域发展的机理与模式研究——以湖南安化国家现代农业产业园为例（编号：2022JJ50279）

前　言

随着经济发展与社会进步，城乡关系经历了"依赖—对立—融合"三个阶段，自2012年以来，我国已处于城乡统筹融合发展时期，党的十九大明确提出解决"三农"问题，实施乡村振兴战略，标志着城乡统筹进入全新阶段。城乡统筹由过去单一方面的统筹发展向城乡全域、全要素统筹发展迈进。随着城乡统筹规划的不断推进，规划理论、价值观、方法与实践等诸多内容也随之发生改变。建制镇作为最基层的一级政府，数量庞大，在推进城乡统筹中起着重要作用，在当前国土空间规划构建的时代背景下，对于镇域空间规划编制与实践的探索仍在持续。

洞庭湖区是长江中下游重要的调蓄性湖泊生态区，也是我国重要的商品粮生产基地，对国家粮食安全和生态安全至关重要。草尾镇地处南洞庭腹地，是湖南省省级示范镇和益阳市统筹城乡试验镇，率先编制了镇域城乡统筹规划。在规划实践中，以土地流转促推农业转型发展，以土地确权保障农民权益、促推身份转变，以集中居住、基本公共服务和基础设施均等化促推乡村社区建设，通过"农业产业化、农民职业化、村庄社区化"来实现城乡一体化。城乡统筹规划是一项实践性很强的复杂工作，在不同的地域条件下编制会有所差异。本书内容力求贴近规划实际，对编制完成的草尾镇城乡统筹规划进行梳理，基于此，对洞庭湖区镇域空间规划进行探讨，对促进新型城镇化和乡村振兴良性互动、加快城乡融合发展、编制新时期镇级国土空间规划等具有参考价值。

本书的数据来源包括统计年鉴、规划项目、地方政府提供的数据和课题组实地调研的数据4类。其中，统计年鉴包括《中国统计年鉴》和《沅江市统计年鉴》；规划项目包括《沅江市草尾镇城乡统筹规划（2012—2030）》《沅

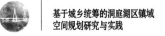
江市草尾镇新城区控制性详细规划》《沅江市草尾镇乐园村村庄规划（2013—2030）》《沅江市草尾镇新安村村庄规划（2012—2030）》和《沅江市草尾镇总体规划（2012—2030）》；其他数据是由地方政府提供或研究团队实地调研获取的。需要特别说明的是，本书依托于法定规划项目，规划编制的起始年份为2012年，因此主要经济社会数据为2001—2011年的数据。

本书共有七章，第一章是关于城乡统筹理论研究过程的介绍，主要包括城乡统筹的概念、研究与探索过程；第二章介绍研究区域的概况和基本条件；第三章是全域城乡统筹规划，主要介绍镇域范围下的城乡统筹规划实践；第四章是城乡聚落体系规划，主要介绍城乡居民点体系的空间布局；第五章是中心镇区城乡统筹规划，主要介绍中心镇区范围下的城乡统筹规划；第六章是村庄规划，主要介绍乡村范围内的城乡统筹规划；第七章是城乡统筹专项规划，主要介绍规划中的各个不同专项间的统筹协调。

本书由曾志伟、杨华和宁启蒙共同完成，具体分工如下：曾志伟制订了全书的框架和体例，承担了第一章、第三章、第四章、第五章的编写工作，并进行了统稿；杨华编写了第二章和第七章，并承担了全书的框架设置任务；宁启蒙编写了第六章，并对全书进行了校对。此外，易纯、谌小维、罗穆峰、周奕忻、樊源、旷进、谭玲冲等参加了项目规划设计，古杰、陈云华、晏月平、赖楠、戴胜、纪千夫、关震、郑超辉等参与了调研、咨询、制图和部分内容的编写，并对全书进行了校对。

由于作者水平有限，书中难免有疏漏和不足之处，恳请各位专家、读者批评指正。

曾志伟

2022年5月19日

目　录

第一章

城乡统筹的理论研究

第一节　城乡统筹的概念辨析

城乡统筹是根据我国经济社会发展的阶段性特点提出的重大战略决策。1978年，我国城镇化水平为17.92%，1996年为30.48%，首次突破30%，这标志着城镇化进程进入快速发展阶段；2011年，我国城镇化水平为51.83%，首次突破50%；2020年，我国城镇化水平为63.89%。❶随着城镇化的快速推进，城乡关系被给予高度关注，2002年，党的十六大报告提出，"统筹城乡经济社会发展，建设现代农业，发展农村经济，增加农民收入，是全面建设小康社会的重大任务"。2007年，党的十七大报告提出，"统筹城乡发展，推进社会主义新农村建设。解决好农业、农村、农民问题，事关全面建设小康社会大局，必须始终作为全党工作的重中之重"。2012年，党的十八大报告提出城乡一体化发展，"要加大统筹城乡发展力度，增强农村发展活力，逐步缩小城乡差距，促进城乡共同繁荣"。2017年，党的十九大报告明确提出，"要坚持农业农村优先发展，按照产业兴旺、生态宜居、乡风文明、治理有效、生活富裕的总要求，建立健全城乡融合发展体制机制和政策体系，加快推进农业农村现代化"。党的十九大中明确提出，"建立健全城乡融合发展体制机制和政策体系，加快推进农业农村现代化"和"实施乡村振兴战略"的政策方针，我国的城乡关系迈入了新的发展阶段。

总体来看，党在城镇化快速发展过程中高度重视城乡关系，其中使用较多的概念有"城乡统筹""城乡一体化"和"城乡融合"等，这些概念之间既交叉重叠又各有侧重。

虽然城乡统筹的概念提出之后被广泛研究和讨论，但是由于地方实践的形式、研究视角和使用语境不同，所以城乡统筹概念的表述形式并不完全相同。总体来看，城乡统筹涉及城乡经济、社会、文化、基础设施等多个方

---

❶　数据来源于《中国统计年鉴 –2021》。

面，需要在理顺城乡关系的前提下，通过产业结构调整、空间结构优化和制度政策建设等措施逐步缩小城乡差距，实现城市与乡村协调发展。已有研究对城乡统筹的定义详见表1-1。

表1-1　已有研究对城乡统筹的定义

序号	作者	城乡统筹概念	侧重点	来源
1	张泉，等	合理配置城乡资源，通过多个方面的措施发挥城乡两个方面的积极性，加快发展步伐，逐步缩小农村与城市的差距	乡村经济社会与空间重构	《城乡统筹下的乡村重构》
2	姜作培	把城市和农村的经济社会发展作为整体统一筹划、通盘考虑，把城市和农村存在的问题及其相互关系综合起来研究，统筹解决，包括城乡通开、城乡协作、城乡协调、城乡融合四个层面	强调城乡问题和城乡关系	《城乡统筹发展的科学内涵与实践要求》
3	高珊，等	城乡统筹发展，就是要打破城乡二元结构，使城市和农村紧密联系，使城乡享有平等的发展权利和发展机会，建立起社会主义市场经济体制下平等和谐的城乡关系	强调城乡平等与和谐	《城乡统筹的评估体系探讨——以江苏省为例》
4	方丽玲	城乡统筹是一个系统工程，而进行城乡统筹的前提和基础是把握本地区、本区域内的城乡关系发展状况和联系程度，在此基础上制定相应的统筹城乡发展对策	注重城乡关联及二者关系	《城乡统筹：城乡关联视角分析》
5	李岳云，等	城乡统筹包括城乡关系统筹、城乡要素统筹和城乡发展统筹三个方面的内容	城乡统筹关系评价	《城乡统筹及其评价方法》
6	曲福田，等	城乡统筹的本质是建立城乡产权和治权的平等统一	集体土地产权改革	《城乡统筹与农村集体土地产权制度改革》
7	刘荣增	城乡统筹的实质是城乡统筹规划、协调发展，应包括城乡基础设施的统筹、城乡产业的统筹、城乡就业和社会保障的统筹等	城乡统筹规划与谋划	《城乡统筹理论的演进与展望》
8	李兵弟	必须建立起城乡区域协调发展的宏观目标指引，建立起城市居民与农村居民共同发展的社会责任与历史责任，更多地关注农村人的全面发展，必须更多地关注农村社会事业的全面发展	从根本上解决"三农"问题	《关于城乡统筹发展方面的认识与思考》

续表

序号	作者	城乡统筹概念	侧重点	来源
9	陈肖飞，等	城乡统筹是以健康城市化和城市对乡村的合理扶持为基础的，基于稳定、保护、发展和协调4个原则，构建整体功能互补空间布局与支撑体系配套，最终实现区域整体发展水平不断高级化和城乡发展水平相对均衡化的城乡统筹	新型城镇化	《新型城镇化背景下中国城乡统筹的理论与实践问题》
10	申晓艳	在发展的过程中应把工业、城市和农业、农村整合为同一历史过程，以城乡统筹为理论背景，解决城市和农村发展过程中出现的问题，从而打破城乡界限，实现资源共享、优化配置，并最终实现城乡无差别的发展，达到城乡一体化	城乡统筹发展系统	《国内外城乡统筹研究进展及其地理学视角》

第二节　城乡统筹的理论依据

一、马克思和恩格斯的城乡融合发展理论

19世纪中期，马克思和恩格斯以资本主义社会的发展过程为主线，运用辩证唯物主义和历史唯物主义的科学方法，对资本主义条件下的城乡关系进行了分析，提出了城乡融合发展理论。马克思和恩格斯认为，城乡分离对立是生产力和生产关系变革的结果，其弊端包括乡村衰落、城市病态、农村可持续发展破坏和城乡利益冲突等。总体来看，城乡对立是一个历史范畴，城乡融合才是未来社会的主要特征。城乡融合发展理论认为，城乡分离和对立是生产力发展水平不高的表现，因此生产力的发展是城乡融合的前提。在城乡融合的路径方面，马克思和恩格斯认为城乡融合不是城市和乡村无差别，而是实现城市和乡村的更高级综合，因此应发挥城市的积极作用[1]。

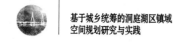

二、杜能的农业区位论

农业区位论产生于19世纪二三十年代，德国农业经济学家杜能在《孤立国》一书中提出了著名的孤立国理论：假定有一个孤立国，它全是沃土平原但与别国隔绝，没有河川可通舟楫；在这一孤立国中有一个都市，远离都市的外围平原则为荒芜土地；都市所需农产品都由乡村供给，都市则提供农村地区所需的加工品。在这种假设下，杜能提出了各种产业的分布范围或者说它们的区位。他把都市外围按距离远近划成6个环带，从中心向外围分别是自由农作区、林业区、谷物区、谷草区、牧业区和荒芜地，这些环带后来被称为杜能环，这就是农业区位论[2]。

三、霍华德的田园城市理论

埃比尼泽·霍华德（1850—1928）是英国19世纪末20世纪初的社会改革家，他在1898年出版了《明天：一条通往真正改革的和平道路》一书，提出了他的城市建设和社会改革理论。在这本书中，他反对在已有的大城市中增加人口，倡议通过田园城市建设工作形成一种兼具城市和乡村优点的田园城市，用城乡一体的新社会形态取代城乡分离的旧社会结构形态[3]。田园城市的规模是6000英亩，圆心是中央公园，环绕公园的是政府、图书馆和医院等公共设施，之外是环形公园，再外围是商业区，然后是住宅区、林荫大道、学校和儿童设施，之外又是花园住宅区，这些功能结构呈同心圆状层层展开。城市外围是保留绿带，包括耕地、牧场、果园等；六条交通干线从圆心向外辐射扩散；人口规模为32000人，其中城市30000人，乡村2000人。每一个组团城市都对应一个更大规模的中心城市，中心城市的人口规模约为58000人，一系列小的自给自足的组团城市通过交通系统与中心城市相连[4,5]。

四、刘易斯二元经济结构理论

1954年，美国经济学家、诺贝尔经济学奖获得者威廉·阿瑟·刘易斯在其《劳动力无限供给条件下的经济发展》一文中提出了著名的二元经济结构理论[6]。二元结构思想假设有农业部门和非农业部门两个部门，前者是以传统生产方式进行生产、劳动生产率和收入水平极低的资本主义部门，后者是以现代生产方式进行生产、劳动生产率和工资水平较高的资本主义部门。刘易斯认为，经济发展依赖于现代工业部门的扩张，农业部门为工业部门提供廉价的劳动力，并且是无限供给的[7]。在该假设前提下，刘易斯认为大多数发展中国家促进经济发展的资本和资源相对较少，但人力资源丰富，因而现代部门在现行工资水平上能够得到它所需要的任何数量的劳动力。在人口数量较多的发展中国家，农业劳动力的边际生产率较低，仅能够维持最低生活水平。同时由于工业部门和农业部门的工资差距，农业部门的剩余劳动力会流向工业部门。刘易斯将发展中国家的经济发展过程划分为两个阶段，第一个阶段是资本稀缺，劳动力无限供给；第二个阶段是资本供给超过劳动力供给。二元结构理论把经济增长过程与工业化过程和人口流动结合起来，启发了后续关于二元经济结构理论的出现。

五、缪尔达尔二元经济结构理论

1957年，瑞典经济学家缪尔达尔在其《经济理论和不发达地区》一书中利用动态和结构分析的方法提出了"地理上的二元经济结构"理论[8]。该理论认为在不发达国家的经济中存在经济发达地区和不发达地区。受要素收益差异的影响，生产要素由落后地区向发达地区流动，因而随着经济发展，落后地区与发达地区的差距会扩大，缪尔达尔将其称为"回波效应"。与此同时，经济发达地区和落后地区还存在着扩散效应，即经济发展动力由发达地区向落后地区扩散。扩散效应带动了落后地区的发展，落后地区与发达地区的差别将逐步缩小。然而，在一些快速发展的国家和地区，由于在相当长的

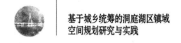

时间内回波效应强于扩散效应，所以造成落后地区与发达地区的经济发展水平差距扩大。缪尔达尔指出，一个国家内部落后地区与发达地区的发展差距不宜拉得过大，为防止贫富差距的无限制扩大，应由政府采取一定的特殊措施刺激不发达地区的发展。

第三节　城乡统筹的研究进展

一、城乡统筹的理论研究

城市和乡村作为区域和社会发展的两大主体，二者之间的联系一直是国内外学者和政府决策所研究和探讨的重点问题之一。国外的城乡关系研究较早，从20世纪50年代起至今已经拥有了较系统的研究过程，形成了较经典的研究理论。而国内的研究起步相对较晚，探讨了城乡统筹的内涵，界定了其发展目标，并呈现出了与自身国情相符的研究特点。但总体而言，国内学者对城乡统筹基本理论的研究虽然较多，但缺乏对城乡统筹的系统性理论研究。

目前，不同学科的学者已从自身视角对城市和乡村的关系问题进行了研究并产生了一系列的城乡发展理论。这些理论基本上可以归结为两大类：城乡平衡发展论（城乡统筹）与城乡不平衡发展理论（城市偏向论或乡村偏向论）[9]。城市和乡村的发展实践证明城市与乡村是区域系统内一个不可分割的整体，在短期来看发展偏向具有一定有"效率"，但从长远和整体看，二者之间的统筹和协调才是终极目标。因此一些学者对于城乡联系提出了一些新的观点，勒里提出了"次级城市发展战略"，他认为决定发展政策成功与否的关键是城市的规模等级。因此他认为发展中国家政府要获得社会和区域两方面的全面发展必须分散投资建立一个完整、分散的次级城市体系，并加强城乡联系，特别是"农村和小城市间的联系，较小城市和较大城市间的联系"[10]。

同时，随着我国社会经济快速发展，城市和乡村的关系问题再次提上议事日程，党的十六大提出了全面建设小康社会的目标和任务。十六届三中全会进一步明确提出了"坚持以人为本，树立全面、协调、可持续的发展观，促进经济社会和人的全面发展"；强调"按照统筹城乡发展、统筹区域发展、统筹经济社会发展、统筹人与自然和谐发展、统筹国内发展和对外开放。可以说，这就完整地提出了科学发展观并赋予其新的时代内涵[11]，同时也是对城乡统筹理论的创新。已有对城乡统筹理论的研究详见表1-2。

表1-2　已有对城乡统筹理论的研究

序号	作者	城乡统筹的理论研究进展	来源
1	陈肖飞，等	新型城镇化背景下城乡统筹主要优化方向：优化重点区域发展、优化空间布局形态、优化集群产业结构、优化发展美好环境、优化市场导向机制	《新型城镇化背景下中国城乡统筹的理论与实践问题》
2	申晓艳，等	对国内外地理学有关城乡统筹问题的内容和方向进行了研究，指出其不足之处，并提出未来发展趋势	《国内外城乡统筹研究进展及其地理学视角》
3	汪光焘	城乡统筹实践和中国传统规划理论的结合，探索新时期城乡一体化规划的基础理论和城乡统筹发展的现实需求，将成为中国对世界规划理论的贡献	《城乡统筹规划从认识中国国情开始》
4	王红扬	对城乡统筹规划理论进行了科学建构，同时对理论科学性相关及衍生的重要问题，包括科学知识与科学研究的本质、城市化与农村现代化的中国模式以及现状相关研究的误区、方法论根源与潜在危险，一并进行了讨论和研究	《城乡统筹规划理论的科学建构与城市化的中国模式》
5	陈剑	系统的探究了城乡融合理论以及理论与实践相结合的研究方法，并通过对合肥市的实证分析，为其他城市如何处理城乡关系协调、城乡发展问题提供了理论的依据和实际的参照	《城乡融合的理论研究与实践》
6	王国敏	在城乡统筹的发展战略中，研究如何尽快实现从城乡二元结构向一元结构的转换，以及如何应对我国现阶段的"三农"问题	《城乡统筹：从二元结构向一元结构的转换》
7	淮建峰	对于国外城乡统筹理论的发展研究进行综述，说明了世界城市发展的最高境界是城乡一体化，并提出了城乡统筹作为国家的一种政策倾向、政府的一种宏观调控手段，是一个不断调整城乡关系的动态过程	《国外城乡统筹发展理论研究综述》

续表

序号	作者	城乡统筹的理论研究进展	来源
8	李兵弟	推进城乡协调发展的重要前提是转变观念，制定科学的城镇化发展战略，科学指导城乡建设和协调发展	《关于城乡统筹发展方面的认识与思考》
9	宣迅	运用现代经济学研究范式，通过理论和实证研究论证城乡统筹的必要性和实现途径，以期为解决我国"三农"问题，全面实现小康提供有效的理论依据	《城乡统筹论》
10	曾万明	在研究国内外城乡统筹理论和实践的基础上，以成都统筹城乡综合配套改革试验区为例，探讨我国统筹城乡发展的规律和实现路径	《我国统筹城乡经济发展的理论与实践》

二、城乡统筹概念与评估体系研究

（一）城乡统筹概念辨析

目前，学术界对城乡统筹并未形成统一的概念，众多学者从城乡之间资源配置、利益关系、城乡互动、城乡关联等多个方面对城乡统筹进行了定义。城乡统筹概念辨析详见表1-3。

表1-3 城乡统筹概念辨析

作者	城乡统筹概念	侧重点
姜作培	把城市和农村的经济社会发展作为整体统一筹划，通盘考虑，把城市和农村存在的问题及其相互关系综合起来研究，统筹解决[12]	强调城乡问题和关系统筹考虑
党双忍	要充分发挥城市对农村的带动作用和农村对城市的促进作用，实现城乡经济社会良性互动一体化发展[13]	提倡城乡互动
高珊	打破城乡二元结构，使城市和农村紧密联系，城乡享有平等的发展权利和发展机会，建立起社会主义市场经济体制下平等和谐的城乡关系	强调城乡平等与和谐
方丽玲	在把握本地区、本区域内的城乡关系发展状况和联系程度的基础上制定相应的统筹城乡发展对策[14]	注重城乡关联
陈希玉	改变和摈弃过去的重城市轻农村、城乡分治的传统观念和做法，通过体制改革和政策调整，清除城乡之间的樊篱，破除城乡二元结构[15]	强调整体性，破除城乡二元结构
胡艳君	国家通过对导致城乡差别的制度进行变革来逐步消除城乡不平等	强调通过制度变革消除城乡不平等

（二）城乡统筹的评估体系研究

城乡统筹评价指标体系应以评价目的、评价范围、评价内容为依据，使评价指标体系与评价的要求相互衔接、相互对应。

戴思锐在研究城乡统筹发展评价指标体系的构建时指出，城乡统筹发展评价指标体系应遵从科学性、实用性、可靠性、简洁性与可行性原则。同时指出应从分块设计、分层设计与指数化等方面计算评价指标[18]。刘洪彬从可持续发展角度研究了城乡统筹发展评价指标体系的构建，指出应从简洁与综合性兼顾的原则、定量与定性相结合原则、可持续发展原则、公平与效率兼顾的原则、稳定性与动态性相结合的原则以及实践先行原则出发建立指标体系，具体指标选择应从经济发展、教育发展、科技发展、文体娱乐发展、卫生与健康状况发展、公民平等状况、资源与环境建设、社会保障、市场体制建设等方面考量[21]。龚天郭以武汉市为对象研究发展评价指标体系的构建及应用，利用主成分分析法和实证分析法进行评价体系的构建[19]。江雪丽以新疆为例，利用因子分析法进行城乡统筹发展水平分析与评价，制定统筹城乡经济发展指标、统筹城乡社会发展指标、统筹城乡基础设施与生态环境建设指标，统筹城乡规划与管理[20]。

总体来看，评价指标体系应从以下原则出发考量。

1. 体现全面、协调、可持续发展原则

应当促进经济社会全面、协调、可持续发展，评价体系设计应能够客观真实地反映城乡关系的各个方面，同时各指标间既相互独立，又相互联系构成有机整体。

2. 突出城乡关联性原则

城市与乡村并不是相互独立的个体，而是相互依存、共生的整体，因此评价体系指标必须体现出城乡的关联性。选择的指标应该能准确体现城乡之间的互动、差异及协调程度。

3. 指标的可测性原则

指标应该是可以测量的，在设定了特定的时间和条件的情况下，可以通过实地调查，或者通过对现有的统计数据的分析计算，得出可以进行测量、

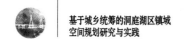
计算、比较的数据资料。

4. 可比性原则

农村和城市由于处在不同的地理位置，处于不同的经济条件和文化氛围中，使具有同一属性、反映统一实物的指标，具有不可比性，因此必须通过相应的赋值或者公式转化才可进行比较。

综上，现有研究评价体系基本从城乡经济发展差异指数、城乡社会发展差异指数、城乡生态环境建设差异指数、城乡基础设施建设统筹指数四个方面入手进行构建。已有研究对城乡统筹的评估体系详见表1-4。

表1-4　已有研究对城乡统筹的评估体系

序号	作者	城乡统筹的评估体系指标内容	来源
1	田美荣，等	城乡统筹协调度，城乡统筹特色度	《城乡统筹发展内涵及评价指标体系建立研究》
2	陈鸿彬	城乡经济统筹发展，城乡社会统筹发展，城乡人居生活统筹发展，城乡设施环境统筹发展	《城乡统筹发展定量评价指标体系的构建》
3	戴思锐	城乡经济发展差异指数；城乡社会发展差异指数；城乡生态环境建设差异指数	《城乡统筹发展评价指标体系构建》
4	龚天郭	发展度，差异度，协调度	《武汉市城乡统筹发展评价指标体系的构建及应用》
5	江雪丽	统筹城乡经济发展指标，统筹城乡社会发展指标，城乡基础设施与生态环境建设指标，统筹城乡规划与管理	《新疆城乡统筹发展影响因素与水平分析》
6	刘洪彬	经济发展，教育发展，科技发展，文体娱乐发展，卫生与健康状况，公民平等状况，资源与环境建设，社会保障，市场体制建设	《统筹城乡可持续发展评价指标体系框架研究》

三、城乡统筹的路径研究

当前，我国城乡统筹的传统路径主要有两类：一类，着重于乡村环境整治和诚信基本公共服务和设施均等化，其本质是对乡村生态和生活空间层面"补短板"；另一类，致力于农业现代化、专业化和规模化。当城镇化水平与乡村发展达到一定阶段后，城乡统筹实现初期目标后，传统路径就会遇到瓶颈，即农业的专业化和规模化产生了大量剩余劳动力，同时传统城镇化模式面临越来越高的社会成本，无法实现农业解放人口的转移。随着新型城镇化的不断推进，我国正进入新一轮的发展期，尤其是较发达地区，城乡统筹已实现初步目标，正面临进一步的瓶颈突破。

迄今为止，国内对统筹城乡发展对策思路的研究，主要涉及统筹城乡发展的重点、关键、阶段性和切入点等方面，并制定了统筹城乡的社会保障制度、财政政策、收入分配制度等专门措施。并在2018年，统筹城乡区域发展，加快形成良性互动格局。钱慧基于乡村兼业余多功能化的视角研究城乡统筹路径，并以舟山市定海区为例提出路径建议[22]。普荣基于以人民为中心的发展理念研究中国城乡统筹发展路径机制，提出以人民为中心的发展路径应实施城乡基本公共服务均等化，深化推进农村土地制度和户籍制度改革，加快新农村建设和乡村城镇化，加快城乡统筹发展各要素系统的整合与优化[23]。王广华深入研究了西部欠发达地区的城乡统筹发展路径，指出西部欠发达地区的城乡统筹发展路径应包含政府引导、机制健全、生态建设与社会服务事业[24]。周璐瑶从产业发展视角研究城乡统筹发展路径，指出产业建设角度应包括加快城市产业集群化发展、加强城乡第二产业对接、加快农业产业化发展、完善现代农业服务体系及加快推进第三产业发展[25]。已有对路径的研究详见表1-5。

表1-5 已有对路径的研究

序号	作者	城乡统筹发展路径	侧重点	来源
1	钱慧	"村—村"联合发展为主要方向，以特色村庄为核心，整合周边村庄和资源，形成发展联盟，带动影响周围村庄自主发展	多功能化与兼业	《基于乡村兼业与多功能化的城乡统筹路径研究——以舟山市定海区为例》
2	普荣	实施城乡基本公共服务均等化；深化推进农村土地制度和户籍制度改革；加快新农村建设和乡村城镇化；加快城乡统筹发展各要素系统的整合与优化	以人民为中心的发展理念	《坚持以人民为中心发展理念下的中国城乡统筹发展路径机制》
3	夏凡	构筑城乡统筹的产业基础；推动产业合理分工布局；创造城乡统筹发展良好外部条件	城乡统筹与产业经济	《山西省城乡统筹发展路径研究——基于产业支撑视角》
4	王广华	政府做好持续发展规划顶层设计；建立健全城乡一体化发展的体制机制；加强生态资源和少数民族文化建设；统筹发展城乡社会事业	西部欠发达地区城乡统筹路径	《西部欠发达地区城乡统筹发展路径探究——以贵州省为例》

续表

序号	作者	城乡统筹发展路径	侧重点	来源
5	周璐瑶	加快城市产业集群化发展；加强城乡第二产业对接；加快农业产业化发展；完善现代农业服务体系；加快推进第三产业发展	产业推进	《以产业推进城乡统筹发展的路径研究》
6	张秋	深化户籍制度改革；建立城乡统一的劳动就业制度；改革农村的土地制度；统筹城乡社会保障制度；建立城乡统筹的财税体制	制度统筹	《从"制度贫困"到"制度统筹"城乡统筹发展的路径选择》

四、城乡统筹的规划研究

当下的城乡统筹规划，倡导积极改变乡村地区社会经济落后的局面，由城市帮扶乡村建设，弥补乡村发展中的不足，缩短城乡差距，促进城市和乡村的协调发展。

为了提升城乡统筹发展水平，实现城乡统筹发展规划的本质目的，不仅需要避免将已经被城市淘汰的工业随意分布在乡村地区，对乡村自然生态环境造成破坏，同时还应注意避免乡村地区产业的无序化发展。应当注意结合城乡实际情况，对城乡统筹规划进行科学合理的布局，并进行规模化经营管理，对城乡资源进行有效利用，改善乡村居民生活环境，提高乡村居民收入水平。

从基于乡村视角的城乡统筹规划出发，应坚持将实现农民利益作为目标，加强乡村地区建设，同时关注农民身份的转变和乡村人居环境的改善，完善公共服务与基础设施。

同时在城乡统筹规划中，可坚持以城市的发展带动乡村发展，再用乡村来反保护城市的原则，以城市、城镇、农村的三级合理空间聚集，确保城乡空间规划的合理性，激励城镇及乡村逐步走向集约化经营和聚集式发展模式。城乡统筹发展中，还要优先进行基础设施建设，实现城乡之间的资源共享，以确保城市的基础设施能够服务于周边农村居民，利用中心地带便利的基础设施和服务条件，重点引导农村人口向中心区域聚集。各学者对城乡统筹的规划研究详见表1-6。

表1-6　城乡统筹规划研究

序号	作者	城乡统筹规划研究	侧重点	来源
1	贾宇	乡村人口统筹引导；乡村视角的城乡空间统筹；乡村产业的规划策略；乡村公共服务与基础设施建设	乡村视角	《基于乡村视角的城乡统筹规划策略研究》
2	田柏栋	优化重点区域发展；优化空间布局形态；优化集群产业结构；发展美好环境，促使现代城市向生态城市转变	新型城镇化	《新型城镇化背景下的城乡统筹规划》
3	刘闯	人口统筹、产业统筹、空间统筹、环境统筹、其他统筹	中小城市	《中小城市城乡统筹规划研究及其应用》
4	翁丽红	村庄居民点规划；产业规划	美丽乡村	《基于城乡统筹的现代美丽乡村规划设计研究》
5	李惟科	以结构调整促进城乡发展转型；探索农村还权赋能的创新；以规划为媒介推进城乡社区发展	城乡统筹规划主体与客体转型	《城乡统筹规划界说》
6	李琦	以城带乡、以乡保城；区域共享、配置先行；城乡规划、空间集聚	城乡规划	《城乡规划与城乡统筹发展探究》

第四节　城乡统筹的探索过程

中华人民共和国成立以来，我国城乡关系经历了"城乡二元"—"城乡统筹"—"城乡一体"等多个阶段。党的十六大以前，我国采取农业支持工业，农村支持城市的城乡发展战略，取得重大的成就的同时也造成了城乡关系的失衡。党的十六大以后，逐步确立了城乡统筹的发展策略，通过工业反哺农业、城市带动乡村的城乡发展战略，解决了农村发展中的相当一部分问题，至此我国城乡关系进入了新的历史阶段。进入21世纪后，我国开始了"城乡一体化发展"的路径探索，在理论与实践中做出了诸多尝试，从产业发展、金融体系、户籍制度、土地制度等各个方面进行了体制机制的创新探索。党的十九大报告指出，"三农"问题是关系国计民生的重中之重，明确实施乡村振兴战略，至此发展重点重新向乡村倾斜，通过乡村振兴战略推

15

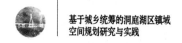

进乡村产业发展、改善乡村人居环境、恢复乡村生态环境，城乡统筹达到了前所未有的高度，逐步消除城乡二元结构，实现了城乡全域全要素的统筹发展。

在全国城乡统筹发展的大背景下，成渝地区首先被批准为国家城乡统筹综合改革试验区，在全国率先开展市域范围的城乡统筹探索，珠三角、长三角等沿海发达地区依托自身良好的发展基础，也在积极开展城乡统筹工作。东部发达地区及成渝地区规划工作开展早，实施效果明显，已经初步实现了城市与乡村地区的结合，以城带乡、以乡补城、互为资源、互为市场、互为环境，基本达到了城乡之间在社会、经济、空间及生态等方面的高度融合。经历了种种改革方案，我国从宏观上统筹了城乡关系，力求打破城乡分割治理体制，从各个方面都体现了"统筹"思想，让广大农民群众共享改革开放果实。随着城乡二元结构矛盾有所缓解，新型城乡管理体制开始建立，非城区的城市化步伐大大加快，城乡共同发展、共同繁荣的美好图景初步呈现。

/ 第二章 /

洞庭湖区域概况

第一节 洞庭湖区概况

洞庭湖区域处于长江中游荆江南岸，跨常德、益阳、岳阳、沅江、汉寿、津市等数十个市县。洞庭湖北融汇长江支流来水，西侧、南侧与湘、资、沅、澧等小河流相接，最终通过岳阳市城陵矶汇入长江。洞庭湖区域内共有15200平方千米位于湖南省境内，约占洞庭湖区域总面积的80.9%。洞庭湖区域属于亚热带季风湿润气候，夏季高温多雨，冬季温和少雨，气温适宜，雨量丰富。洞庭湖区域地貌类型多样，整体以平原为主，可细分为湖泊水体及洲滩、湖区周围丘陵及低山、湖泊周边平原及丘陵等多种类型。湖区整体海拔较低，中间大部分为海拔50米以下的平原，湖底自西向东南倾斜。洞庭湖区域受地形、水分、植被及成图过程等多种因素影响，土壤类型多样，呈现出明显的地区性差异，湖区内环地势较低的湖洼地因每年汛期淹没时间较长，土壤以沼泽化草甸土和沼泽土为主；地势较高的区域因其汛期淹没时间较短，以潮土为主。

洞庭湖区农耕文明历史悠久，素有"鱼米之乡""天下粮仓"的美称。洞庭湖生态经济区肩负着生态保护和经济发展的重要使命，同时作为我国重要的农产品基地，承担着保证农产品安全的重要职责。

草尾镇是洞庭湖区的重要城镇，位于洞庭湖畔沅江市西北部，也是沅江的第一大镇，该镇作为湖区重镇，多年来积极探索发展现代农业，已逐步建设成为湖区现代农业示范镇，并发展成为沅江、益阳乃至湖南的经济强镇。

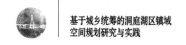

第二节　洞庭湖区草尾镇概况

一、地理区位

草尾镇区距沅江市区约30千米，距益阳市区约80千米，东与阳罗镇、黄茅洲镇毗邻，南与共华镇相连，西与南嘴镇搭界，北与南县接壤。草尾镇水路、陆路交通均十分便利，水路方面，草尾河横卧镇域南面，经此水路可于一日内抵达常德市、益阳市、岳阳市并直通长江，草尾河上游直抵三峡，下游可直达武汉市、南京市、上海市；陆路方面，东面有省道S202贯穿镇域南北，南部有乐漉线（X008）从镇区穿越而过，规划建设中的益（阳）南（县）高速公路草尾互通口在镇区西面3千米处打通，规划中的草（尾）共（华）大桥高架跃过镇区西南部。随着沅江市对外交通网络的建设和发展，草尾镇对外通达的条件进一步提高，草尾镇直接融入益阳一小时、长沙两小时城市经济圈。

二、人文历史

草尾镇始建于清咸丰二年（1852年），距今已有150多年历史。1852年，八百里洞庭中有一方圆200余亩的"青草湖"，在湖的尾端有一冲积地，一些人在此开店经商。随着居民的日益增多，商业活动逐渐繁荣，形成了一个小集镇。因此镇位于"青草湖"之尾，故名"草尾"。2005年，沅江市作为湖南省"撤乡并镇"试点市，率先开展"撤乡并镇"工作，并镇后的草尾镇由原来的草尾镇与大同乡、熙和乡合并组建而成。

三、自然环境

草尾镇位处洞庭湖之腹，属平原微丘地带，地势平坦，平均海拔约为30.8米（吴淞高程系），水源充裕，灌溉便利。土层由河湖沉积物积淀形成，经长年耕种，土壤保水性强，土层深厚肥沃，养分、有机质含量丰富。全镇的苎麻资源最为充足，被誉为"中国苎麻之乡"。

草尾镇全年光热充足，降雨量充沛，气候温和，雨热同期，四季分明，属典型的亚热带季风性湿润气候。年平均气温18.9℃，最高气温39.5℃，最低气温–10.2℃。年平均日照时数1756.8小时，日照百分率41%，太阳总辐射108.95大卡/平方厘米。年平均降雨量1319.7毫米，年平均相对湿度82%，月最低相对湿度61%，最高相对湿度92%。年平均无霜期276天，年平均≥0℃积温6196.2℃，年平均≥10℃积温5347.2℃。年主导风向为北风，夏季多南风。草尾镇的主要气候灾害为：暴雨、大风、高温、干旱、雷击、低温冻害等。

此外，草尾镇淡水资源丰富，渔业养殖基地众多，草尾镇境内拥有草尾渔场、胜利渔场、七一渔场、创业渔场、星火渔场等专业渔场，形成了多个河鲜捕捞养殖加工生产基地。

四、人口概况

（一）人口总量

镇域人口统计：2011年，草尾镇辖24个行政村、1个社区居委会，1个专业渔场。草尾镇2011年年末总人口约9.99万人，其中农业人口约7.83万人，约占总人口的81%，非农业人口约2.16万人，约占总人口的19%。其相关统计详见表2–1。年末全镇GDP总值29.16亿元，是沅江、益阳乃至湖南的经济强镇。依据2021年《沅江市统计年鉴》可知，2020年草尾镇总人口约为8.57万人，比2011年减少了1.42万人。

表2-1　2005—2010年人口出生、死亡统计表

年份	年末人口（人）	年内出生（人）	年内出生率（‰）	年内死亡（人）	年内死亡率（‰）	年内人口自然增长率（‰）
2005	89029	—	7.08	—	—	—
2006	90577	1094	14.3	451	5.9	8.4
2007	91039	669	7.3	495	5.4	1.9
2008	91214	695	7.6	434	4.8	2.9
2009	91701	707	7.7	363	4.0	3.8
2010	91123	841	9.2	212	2.3	6.9
2011	99857	958	10.4	121	1.3	9.2

（二）现状人口分布

截至2011年，草尾镇人口在5000以上的村落或社区有：三星村、草尾社区；人口在4000—5000的村有：长乐村、大同闸村、民主村；人口在3000—4000的村有：胜天村、上码头村、人益村、大福村、双东村；人口数目小于3000的村有：乐元村、和平村、乐华村、幸福村、立新村、人和村、四民村、保安垸村、新安村、东红村、新民村、新乐村、光明村、草尾渔村、胜利渔村（表2-2）。

表2-2　镇域人口情况调查表

序号	村组名称	土地总面积（亩）	总人口（人）	耕地面积（亩）	总收入（万元）
1	胜天	6794	3876	4332	3683
2	上码头	6970	3909	6098	3515
3	乐元	4441	2640	3841	2563
4	和平	4267	2411	3567	2122
5	乐华	5114	2146	4114	2124
6	幸福	5129	2452	3829	2214
7	立新	3103	2098	2673	1863
8	人和	5302	2450	4702	2367
9	人益	8255	3678	7214	3620
10	长乐	8932	4511	7432	4323
11	大福	7255	3550	6255	3412
12	大同闸	7286	4104	6286	4162

续表

序号	村组名称	土地总面积（亩）	总人口（人）	耕地面积（亩）	总收入（万元）
13	四民	4928	2989	4528	2315
14	保安垸	4750	2730	4350	2263
15	新安	4726	2463	4326	2336
16	东红	4585	2021	4185	1750
17	双东	6663	3667	6063	3316
18	民主	6932	4420	6332	3741
19	新民	4610	2534	4210	2166
20	新乐	4953	2702	4553	2467
21	三码头	4151	3020	3851	2165
22	东风	5526	3603	5026	2805
23	三星	7198	6251	6598	5123
24	光明	2914	2917	2714	2578
25	草尾渔村	3900	1115	3700	770
26	草尾社区	3900	21600	—	—
小计		142584	99857	120779	69338

五、经济发展现状

（一）社会经济概况

草尾镇作为沅江市第一大镇，其农业经济在全镇经济中居主导地位，全镇共有耕地15万亩，农业以种植优质水稻、棉花、苎麻、蔬菜以及养殖水产畜禽为主，工业以相应的农产品加工和食品加工为主。

其主要农产品有：水稻、油菜、苎麻、棉花、蔬菜、鲜鱼、生猪等。形成了一批特色品牌产品，如卢青年绿色稻米、艾青蔬菜、湘苎麻等，详见表2-3。

此外，草尾镇淡水养殖和城郊经济基本成型，其中，草尾渔场、胜利渔场、七一渔场、创业渔场、星火渔场等专业渔场，形成了多个河鲜捕捞养殖加工生产基地。

表2-3　2011年工业企业（含乡镇企业）情况调查表

企业名称	性质	位置（村组）	用地面积（亩）	生产产品	生产能力	年产值（亿元）	年运输量（万吨）
卢青年米业	私营	民主村	30	大米	15亿吨	2.3	20
天安油脂	私营	光明小区	28	食用油	1.3万吨	1.7	15
恒达纸业	私营	光明小区	13	再生文化纸、包装纸	1.5万吨	0.8	3
森裕顺纸业	私营	民生小区	17.8	再生文化纸、卫生纸	1.8万吨	1	5
银沅棉麻	私营	新民村	20.3	脱籽棉	3.5万吨	1.43	5
立丰米业	私营	新建小区	15	大米	6万吨	0.9	9
吴山米业	私营	光明村	30.4	大米	8万吨	1.2	10
南洞庭棉花	私营	立新村	24.8	棉花加工、收购	4万吨	1.75	6
胜天米业 *	私营	私营	15	大米	5万吨	0.8	—
益阳蔬菜坊 *	私营	私营	15.8	坊子菜系列	3千吨	0.5	—
新安农机 *	私营	私营	11	农业机械	—	0.11	—

注：带"*"的内容为镇级规模企业。

（二）经济产业

草尾镇经济总量一直保持着较快的增长态势，2010年、2011年经济增长率分别为7.51%和11.26%。2011年全镇GDP达29.16亿元，较2010年有大幅增长，其中第一产业增加值为1.2亿元，较2010年增长18.18%；第二产业增加值为1.09亿元，较2010年增长6.93%；第三产业增加值为0.66亿元，较2010年增长17.05%，实现财税收入1630万元。其经济产业结构中第一产业、第二产业、第三产业的比例约为26：56：15，由于草尾镇农业产业规模较小，主要以种植业、渔业等农业为主，因此第一产业占的比重相对较小。2001—2011年草尾镇经济情况调查情况详见表2-4。

草尾镇的工业基础良好，已经具有一定的规模，且发展迅速，但规模企业偏少，工业链不完整。现在工业产业以劳动密集型工业为主，且存在较多三类工业，环境污染比较严重。按2011年的汇率计算，2011年草尾镇人均GDP约为2.9万元。据此，初步判断草尾镇处于工业化快速发展阶段，工业将成为整个地区经济增长的主要动力。较强的经济实力，也是农民进城意愿的基本点。

表2-4　2001—2011年草尾镇经济情况调查表（单位：亿元）

年份	国内生产总值	第一产业	第二产业	第三产业	财政收入
2001	10.97	4.0	5.43	1.54	—
2002	12.70	4.6	6.75	1.35	0.1
2003	14.12	4.8	7.85	1.47	0.105
2004	15.66	5.0	9.03	1.63	0.11
2005	17.92	5.1	11.04	1.78	0.13
2006	19.89	5.4	12.15	2.34	0.135
2007	21.19	5.7	13.14	2.64	0.14
2008	23.04	6.0	14.03	3.01	0.15
2009	24.38	6.2	14.93	3.25	0.158
2010	26.21	6.6	15.74	3.87	0.16
2011	29.16	7.8	16.83	4.53	0.163

（三）现状分析结果

根据上文草尾镇经济发展统计可以得出几点结论：①经济增长速度与人均生产总值均高于周边镇平均水平；②城镇产业结构布置不是很合理，还需进一步优化；③企业科技含量不高，创新能力欠缺，分布存在散、弱、小的现象，市场整体竞争力不强；④工业产业链不健全，工业依然传承资源型加工工业的发展模式，资源得不到充分利用；⑤群众观念较为滞后，农业集约化未深入人心。

第三节　洞庭湖区草尾镇问题研判

草尾镇虽然取得了巨大的成就，但同时也存在一定的问题。对于草尾镇存在的问题与主要矛盾，按照从现象到机制再到深层原因的思路与逻辑可以从以下几个方面进行分析。

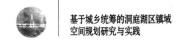
一、产业发展的现状与问题

2011年，草尾镇的经济总量在沅江市乡镇中居于首位，但人均生产总值为29454元，低于排名第二的沅江市南嘴镇45070的人均生产总值。虽然草尾镇近年经济发展迅速，取得了较大成就，但是与益阳市的沧水铺镇或湖南省第三轮示范镇相比，其无论是经济总量还是人均指标，仍存在较大的差距。

三次产业的比重从2005年的"二、一、三"型（28.46 ：61.60 ：9.94）变为2011年的"二、一、三"型（26.75 ：57.72 ：15.53）❶。第一、第二产业在三次产业结构中比重下降，第三产业提升速度缓慢，第二产业增加值从2005年的11.04亿元增长到2011年的16.83亿元，年均增长11.58%，第三产业发展较快，从2005年的4.53亿元增长到2011年的9.94亿元，年均增长10.82%。尽管草尾镇的经济总量和产业结构都有所增长，但总体发展水平和效益偏低，产业总体结构第三产业明显偏低，各产业部效益结构较差，一产附加值偏低，龙头品牌和企业缺乏。

农业总量增长缓慢，但农业结构不断优化。2011年草尾镇农林牧渔业总产值7.8亿元，同比增长45%。从2005—2011年，草尾镇农业总产值加速增长，尤其是实行土地信托流转以来，草尾镇抓住机遇，目前已形成蔬菜、水产、优质米三大优势产业。

二、村庄分工不明确

不同村庄间的职能不明确，长期以来，由于部门分割，各部门、行业和地区的各种规划、计划相互脱节、相互分割甚至相互矛盾，导致规划在空间落实上相互冲突，"规划打架"降低了政府行政效能，影响了规划的严肃性、法定性，也损害了政府的公信力。

---

❶ 指三次产业结构，单位为%。

在管理体系中，比较明显的分工是等级制的行政管控职能。除此之外，产业、空间特色等方面的分工其实并不清晰，因此在产业布局中，基础设施投入等方面出现了各自为政的现象。

三、未能形成支撑系统

草尾镇在一体化功能与基础设施体系建设方面，统筹明显不够。较小中心镇区与村庄功能空间完善、基础设施一体化与分类支撑的情况显然更差。除了中心镇区与周边村庄（乐元村、立新村）外，中心镇区与农村中心社区居民点相互之间也应该系统、整体地配置功能空间，并在有条件时一体化发展。但草尾镇在这方面缺乏明确的相互联系和整合发展的线索。

第四节　洞庭湖区城乡统筹的规划条件分析

一、区域面的城乡差别概况

（一）中国城乡差距正在日益扩大，缩小城乡差距已经成了当务之急

国家统计局发布的2011年宏观数据显示，全年城镇居民人均总收入23979元。其中，城镇居民人均可支配收入21810元，比上年名义增长14.1%，扣除价格因素，实际增长8.4%。在城镇居民人均总收入中，工资性收入比上年名义增12.4%，转移性收入增长12.1%，经营净收入增长29.0%，财产性收入增长24.7%。农村居民人均纯收入6977元，比上年名义增长17.9%，扣除价格因素，实际增长11.4%。其中，工资性收入比上年名义增长21.9%，家庭经营收入增长13.7%，财产性收入增长13.0%，转移性收入增长24.4%。全年城乡居民收入比为3.13：1（以农村居民人均纯收入为1，上年该比值为3.23：1）。

近20年来，我国城乡居民收入差距缓步扩大。但收入差距小幅降低，从2010年的3.23：1降为2011年的3.13：1。考虑各种福利差距，这个差距可以达到6比1或更多。可以说，我国的城乡收入差距已经达到了世界第一。1984年是我国城市与农村收入差距最小的年份，城乡收入比是1.74：1，2007年和2009年的城乡收入差距最大，达到了3.33：1，相关数据见表2-5及图2-1。

表2-5　2001—2011年全国城乡居民收入比

年份	2001	2002	2003	2004	2005	2006	2007	2008	2009	2010	2011
收入差距比	2.90	3.11	3.26	3.21	3.22	3.28	3.33	3.31	3.33	3.23	3.13

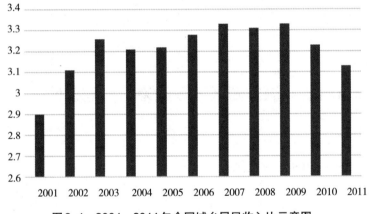

图2-1　2001—2011年全国城乡居民收入比示意图

（二）湖南省城乡差距较全国平均水平较为缓和，但城乡居民收入皆低于全国水平

2012年第一季度，湖南省城镇居民人均可支配收入为6134元，较上一季度增长14.7%，同比提高1.4个百分点；农民人均现金收入2426元，增长19.4%，同比提高0.4个百分点。2011年，湖南省城镇居民人均可支配收入达18844元，是2005年的1.98倍，年均增长12.1%；农民人均纯收入6567元，是2005年的2.1倍，年均增长13.4%。

2011年，城乡收入比为2.87：1，相对我国的3.13：1，情况良好。但不能忽视城镇居民、农村居民收入均低于国家平均水准的现实。湖南省城乡居民收入对比详见表2-6。

表2-6 湖南省城乡居民收入对比（单位：亿元）

年份	城镇	乡村	城乡居民收入比
2005	2557.87	1434.34	1.78：1
2006	3272.85	1537.19	2.13：1
2007	4180.34	1810.34	2.31：1
2008	4701.25	2330.51	2.02：1
2009	5266.98	2541.93	2.07：1

（三）"3+5"城市群城乡差距

草尾镇属于益阳市，而益阳市属于湖南省"3+5"城市群。为了全面地分析城乡差距，需要与其他城市进行横向对比。总体来看，益阳市城乡居民收入比位居湖南省"3+5"城市群中等偏下位置，详见表2-7 ～ 表2-9。

表2-7 2008年"3+5"城市群人均收入对比（单元：元）

人均收入	长沙	株洲	湘潭	岳阳	衡阳	常德	益阳	娄底
城镇人均可支配收入	18282	15911	14377	13945	12420	12828	12448	12920
农村人均纯收入	7632	5837	6083	4810	5617	4447	4526	3292
城乡居民收入比	2.40	2.73	2.36	2.90	2.21	2.88	2.75	3.92

表2-8 2008年湖南区域人均收入对比（单元：元）

人均收入	全省	长株潭地区	"3+5"城市群	"一点一线"地区	大湘西地区
城镇人均可支配收入	13821.20	16909	14497.94	15066	10078
农村居民人均纯收入	4512.50	6662	5171.14	5597	2575
城乡居民收入比	3.06	2.54	2.80	2.69	3.91

表2-9 2010—2011年湖南农民人均纯收入（单位：元）

地区	纯收入（2010）	纯收入（2011）
长沙市	11205.87	13400
株洲市	7657.88	9328
湘潭市	7816.56	9502

续表

地区	纯收入（2010）	纯收入（2011）
衡阳市	7219.60	8506
邵阳市	3759.91	4373
岳阳市	5988.47	7070
常德市	5634.67	6663
张家界市	3668.32	4093
益阳市	5616.52	6773
郴州市	5207.49	6230
永州市	5060.90	6002
怀化市	3520.27	4280
娄底市	3364.60	3951
湘西自治州	3173.04	3675
长株潭地区	9296.35	11207
"3+5"城市群	6810.41	—
"一点一线"地区	7494.51	8936
湘西地区	3536.72	4143

（四）洞庭湖区益阳市城乡差距的现实

随着经济的高速发展，益阳市城乡居民收入大幅度提高。全市城镇居民年人均可支配收入由1988年的1039元增加到2009年的13802元，年均增长13.1%；同期农村居民人均年纯收入由540元增加到4940元，年均增长11.1%。1988年，城乡居民收入差距为499元，2005—2008年，城乡居民收入差分别为5274元、5802元、6884元和7921元，呈逐年增大的趋势。2009年，城乡居民收入差距达到8862元，比1988年增加8363元，比2000年增加5245元。从1988年起，21年间城乡居民收入差距平均每年扩大478元；从2000年起，10年间城乡居民收入差距平均每年扩大524元；近3年每年差距的增长幅度在1000元左右。

农民人均纯收入增速实现反超。1988—2009年，益阳市城镇居民人均可支配收入年均增长13.1%，同期农民人均纯收入年均增长11.1%，城镇增长幅度高出农村2个百分点。随着国家对农业投入力度的加大，取消农业税和对粮食直补等措施的实施，极大地调动了农民生产的积极性，促进了农民增收。2000—2009年，农村居民人均纯收入年均增长10.4%，同期城镇居民可支配收入年均增长10.3%，农民收入的增速赶超城镇居民0.1个百分点。从2000年以来的10年间，其中2003—2006年、2008年共5个年份农村居民收入的增幅高于城镇居民。

（五）与全省34个示范镇的差别

湖南洞庭湖区有34个示范镇，相比于其他33个示范镇，草尾镇面积、人口规模和GDP总量都位居前列，如表2-10所示。

表2-10　湖南洞庭湖区示范镇各项指标对比

地区	面积（平方千米）	镇域人口（万人）	2011年GDP（亿元）	2011年人均纯收入（元）	主要产业
城区乔口镇	46.23	3.5	10	9697	水产养殖、水稻种植、水上休闲旅游
长沙县金井镇	144	4.5	工农业总产值23.62	8200	茶叶种植、铸造业
宁乡县灰汤镇	44.1	2.26	—	17000	休闲疗养旅游、牲畜养殖
攸县网岭镇	97	3.99	39.8553	12409	烟花鞭炮
醴陵市石亭镇	107	3.8	4.6	4680	烟花鞭炮、化工产业、种养业
云龙示范区云田镇	51.5	2.2	5	7800	花卉种植、农产品加工
湘乡市棋梓镇	138.9	5.49	13.84	农民8326居民14000	水产养殖、茶叶、水果种植、农家休闲观光、水泥生产
雨湖区楠竹山镇	8.9	3.16	—		汽车制造
韶山市清溪镇	2.9	2.1	—		机械制造、旅游配套服务
汨罗市汨罗镇	35	2.5	—		水产
临湘市羊楼司镇	253.8	4.8	2.5	4550	竹器、茶叶、水产
平江县伍市镇	225	8.1	18	农民4800市民7200	水稻、牲猪、小商品批发、食品加工
临澧县新安镇	58.91	4.86	19.8	4588	烟花爆竹、建筑材料
汉寿县罐头嘴	71	3.32	3.76	5300	珍珠产业、水产养殖、棉麻种植
沅江市草尾镇	142.3	9.99	29.16	8358	麻棉
赫山区沧水铺	99.8	7.2	4.7	8165	包装产业、味姜加工、香菇生产
冷水江市禾青镇	26.4	3.2	11	—	建材工业、煤化工业、旅游业
双峰县荷叶镇	140.89	5.7	—	—	中药材、建材加工、农副产品加工

31

续表

地区	面积（平方千米）	镇域人口（万人）	2011年GDP（亿元）	2011年人均纯收入（元）	主要产业
涟源市伏口镇	182.7	6.18	2.7	1500	杂交玉米、药材、黑山羊
衡南县车江镇	112	4.89	3.16	6189	环保农产品、化工机械
祁东县归阳镇	79.48	3.95	7.93	4404	竹笋、油菜、特种水果种植
衡阳县洪市镇	115	5.25	—	—	水稻
苏仙区良田镇	80.4	3.5	8.8	14500	水泥加工
桂东县沙田镇	81.3	2.58			化工、竹木加工
冷水滩区普利桥镇	135.8	5.1	1.65	—	烟草种植
祁阳县黎家坪	86.4	5.2	—	—	珍珠养殖、建材化工
邵东县廉桥镇	98	8.1	—	—	药材开发、水产品
武冈市邓元泰镇	141.8	6.7	—	—	杂交玉米、中药材开发、楠竹、茶叶种植、牲畜养殖
溆浦县低庄镇	108	4.98	4.7	农民 3820 居民 6000	鸡蛋枣、金秋梨、水稻种植、牲猪养殖
辰溪县黄溪口	60.9	1.8	—	—	油茶林、水稻种植
慈利县零溪镇	103.5	2.7	0.8	2100	水产、油菜、柑橘、牲猪
桑植县瑞塔铺	108	2.88	4.5	农民 2500 居民 4000	水果种植、商品粮、林木产品
凤凰县廖家桥	66	2.1			水稻、猕猴桃种植、牲猪养殖
龙山县石羔镇	43	2.65			柑桔、蔬菜种植、牲猪养殖

二、市域分析

2011年，沅江市农村居民人均纯收入8562元，比上年增长19.7%。其中工资性收入2334元，增长29.6%。家庭经营纯收入5871元，同比增长19.9%。全市城镇居民人均可支配收入18046元，比上年增加2161元，增长13.6%。其中工资性收入10470元，增加591元；经营净收入4575元，增加1150元；转移性收入2865元，增加516元；财产性收入1067元，增加179元。

城乡居民收入差距比为2.11∶1。城镇居民人均消费性支出12650元，增长10.6%，其中家庭设备用品及服务、衣着和食品支出分别增长8.0%、

11.8%和12.4%。农民人均生活消费支出5275元，比上年增长1.1%。其中衣着、家庭设备用品消费、交通和通讯、医疗保健消费分别增长15.4%、20.2%、15.7%和36.6%。城镇居民恩格尔系数为40.6%，农村居民恩格尔系数为43.2%。

城镇人均消费性支出占可支配收入的70%，农村人均消费性支出占纯收入的61%。在同比收入增长的情况下，农村居民收入增长程度高于城镇居民6.1个百分点。农村居民的消费性支出依旧占比不高，其余支出用于家庭经营费用。这表明农村居民为了保证每年的收入，必须要将一定比例的可支配收入投入家庭经营中，对农村居民的生活造成了较大负担。对于乡村而言必须要提升农业经济效益，发展规模化种植、标准化生产，实现从传统农业向现代农业的转变、粗放经营向集约经营转变，提高农民的生活水平和经济效益。

三、城乡差别分析

（一）城与乡的差别

城乡差别几乎反映在城乡社会经济的方方面面，在规划建设领域表现突出的有以下几个方面。

1. 生产条件的差别

城市生产条件丰富多样，农村相对单一。城市自身条件优越，技术水平等级高，更容易形成优势产业集约发展。农村由于本身条件差，管理粗放等因素无法形成规模化的深加工模式。

2. 生活条件的差别

经济收入上，农村收入渠道单一，收入低；城市收入渠道多样化，收入高。服务设施上，农村基础服务设施少，文化体育活动贫乏；城市服务配套相对较好，文化休闲活动相对丰富。

3. 住房与环境条件差别

沅江市农村居民点用地人均面积165.2平方米，比国家标准人均用地高

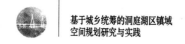

15.2平方米，但农村人均住房面积指标不高，生活环境质量较差；城市住房环境质量不高，但生活环境质量相对较高。

城乡居住生活条件差别详见表2-11。

表2-11　城乡居住生活条件差别

类别	居住生活条件	人均建筑面积（平方米）	人均总收入（元）
城市	生活便利，城市化程度较高，住房环境质量不高	30.00	23979
乡村	道路建设质量较高，但城市化程度、人均居住指标不高	40.12	10497.22

（二）城镇之间的差别

城镇之间由于发展条件的差异，在生活水平与产业选择等方面存在差异。但其差异表现不如城乡差别明显，表现在以下两个方面。

1.城镇建设水平差异

不同城镇由于受到区域地理环境、经济条件限制，使得城镇自身发展水平不同（详见表2-12），形成了具有不同职能的城镇发展道路。

2.产业发展重点不同

城镇发展进程中，根据自身的优势条件形成了不同的产业结构，如集贸型、工业型、集散型等。城镇发展的过程中必须要因势导利，形成自己的产业特色，让小城镇的发展与产业的发展协调同步（详见表2-13）。

表2-12　沅江市各镇GDP对比表

城镇名称	GDP（亿元）
茶盘洲镇	4.4
草尾镇	22.5
黄茅洲镇	2.06（工农生产总值）
南大膳镇	15
阳罗洲镇	7.9
四季红镇	2.6
新湾镇	3.54
南嘴镇	9.6
三眼塘镇	10.36
共华镇	5.8
泗湖山镇	12.4
万子湖乡	—

表2-13 沅江市各镇产业差别

镇名	主要行业
茶盘洲镇	养殖、建材、麻纺
草尾镇	养殖、种植、渔业
黄茅洲镇	种植、水产、林业
南大膳镇	建材、水产
阳罗洲镇	建材加工、粮食加工、水产
四季红镇	粮食、畜牧水产、林业、木材加工
新湾镇	水产、养殖
南嘴镇	种植、养殖
三眼塘镇	粮食、水产、畜牧
共华镇	种植、养殖
泗湖山镇	畜牧、水产、种植
万子湖乡	捕捞、养殖

沅江市幅员面积2019平方千米，全市辖11个镇，共有行政村378个，组2871，农村人口43.09万人。在建设社会主义新农村浪潮的推动下，乡村地区基础设施和社会服务设施得到较大改善，基本上实现村村通电、通路、通电话和通邮路，各村建有村部一个。此外，乡村地区原有的商业服务、教育、卫生等服务设施体系也得到进一步充实。

然而，城市化的推进和农业生产技术的提高，使得乡村地区新增劳动力资源过剩，大部分农村青年通过跨省或就近入城打工解决就业，由于该类人群大部分文化和技能水平有限，因此主要从事低端服务业和制造业，难以完全融入城市生活，大多过着"城乡两栖生活"。由于自然条件和原有经济基础不同，受到经济发展惯性的影响，经济基础较好的村庄能迅速组织资金技术获得较好的发展效益，基础较差的村庄在发展过程中始终受到自身原因的影响，一直处于发展劣势。在城乡统筹中要均衡各方面的影响因素，促进乡村经济一体化发展，建立覆盖整体的社会保障和均等化服务体系。

四、推进城乡统筹的障碍

已建居民布局方面，农村居民点大小不均、分布较广，公共服务设施和市政基础设施明显不足，建筑形势较差，平房楼房参差不齐。城镇结构体系不合理，中心城区聚集辐射功能不强，小城镇规模小，缺乏产业支撑，辐射

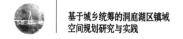
和带动能力弱。其中90%的建制镇建成区面积不足1平方千米，公共设施服务功能较差，基础设施不配套。

劳动力方面，由于城市化的推进和生产技术的提高，乡村地区劳动力过剩，大部分农村青年跨省或进城打工。然而这类人群大部分受到文化和技能水平的限制，只能从事一些技术水平低的低端服务业和制造业，难以融入城市生活。

土地利用方面，由于地处洞庭湖湖区，水域及滩涂沼泽用地占全市土地总面积的45.95%，可供开发的荒草地、沙地等其他未利用土地仅占土地总面积的0.55%。水域面积大，限制了交通发展和城镇的扩展。要解决"三农问题"，建设社会主义新农村，改变农村、农业、农民的积弱结构是关键。因此，必须提倡城乡统筹发展，实现农村人口的产业转移和空间转移。加强村镇集约利用土地，提高农村资源利用的效率和效益，节约土地用于发展现代农业、特色农业，节余建设用地用于发展村镇的第二、第三产业。

建设用地集约节约利用程度不高，全市土地经济密度为2.44万元／公顷，低于全省平均2.65万元／公顷；农村居民点用地人均面积165.2平方米，高于国家标准人均用地15.2平方米。耕地污染和退化严重，后备资源不足。土地资源的开发与保护、建设用地的需求与土地资源的供给、土地整理与投资所需等矛盾日趋突出，全市未利用土地仅占总面积的8.1%。

交通方面，沅江地属南洞庭湖，受湖区特定条件的制约，路网结构尚未形成，整体水平偏低，严重制约了干线公路网效益的充分发挥，陆地、水域和湿地资源开发利用不够。"十一五"期间沅江市建成通村公路主干线1400多千米，在一定程度上缓解了沅江市广大农村的交通压力，但因沅江市农村居民居住纵横有序，一条居民线就有一条路，但一般不是进村的主干线。这样的农村公路还有3000多千米，但这些公路通行能力差、断头路多，没有形成四通八达的公路网络，多数公路处于半通半不通状态，有的只是季节性通车，一到雨季就无法通行。加上农村公路实行以奖代投政策，越是偏远贫困的村越无钱投资修路，交通相对闭塞和落后。

五、机制分析

在理想的图景中，草尾镇可以作为沅江市最大区域，作为生态最好、条件最优、面积最大的地区，可以通过形成相对独立的全功能城镇，真正形成富有地方特色的小城镇，并在此基础上成为沅江市的第一中心城镇，真正成为高品质城市农副产品的供应地——菜篮子、果盘子、花园子。然而事实上，草尾镇自身的发展无论在功能、效益、品质还是发展模式上，都达不到这样的高度，在基础设施等方面与沅江市中心城区的统筹也远远不够。

长期以来，由于部门分割，各部门、行业和地区的各种规划、计划相互脱节、相互分割甚至相互矛盾，导致规划在空间落实上相互冲突，"规划打架"降低了政府行政效能，影响了规划的严肃性、法定性，也损害了政府的公信力。

草尾镇作为沅江市交通最好、条件最优、面积最大的地区，可以通过形成相对独立的全功能城镇，真正起到功能齐全的小城镇的作用、大幅度吸纳农村人口集聚，但是由于草尾镇至今未能形成完善的城镇功能，城镇功能不完善，导致第三产业发展滞后。否则，草尾镇有条件成为沅江市第三产业一个主要的新生长点。

作为沅江生态优越的农业区，草尾镇有条件成为高品质城市农副产品的供应地——菜篮子、果盘子、花园子，也是运输距离敏感的农作物、副食品的供应基地，新鲜蔬菜、优质稻米、水厂应在草尾农业中占据较大分量。但在目前的种植业中，粮食作物具有绝对的优势。

六、现有规划及涉农政策评价

（一）城镇体系结构规划的总思路

市域城镇体系现状特征表现为中心城区集聚能力不强，乡镇发展动力不足。基于此，城镇体系规划的总思路是：①尊重自然生态格局，有效保护环洞庭湖湿地保护区，集中建设南部，提升南部和北部，极化中心城区，重点发展沿交通走廊城镇群；②积极培育赤山岛旅游休闲片区，建设北部旅游度假基地；③提升中心城区的产业能级，强化中心极核的带动作用，建设草尾镇、黄茅洲镇、南大膳镇三个中心镇，完善等级体系和职能结构，带动此区域发展。

（二）城镇空间结构

城镇空间结构大致可概括为"一心三轴四片区"，其中一心指市域核心即城市规划区；三轴为南北城镇发展主轴、南北城镇发展次轴和东西城镇联系主轴（详见表2-14）；四片区分别是西北城镇集聚发展片区、中部城镇集聚发展片区、东部城镇集聚发展片区和环洞庭湖生态旅游发展片区。

西北城镇集聚发展片区：以草尾镇为中心，加强与南县茅草街镇合作，辐射带动南嘴及共华西北区域。中部城镇集聚发展片区：以黄茅洲镇为中心，辐射带动四季红、阳罗洲、共华及南洞庭湖芦苇场。部城镇集聚发展片区：以南大膳镇为核心，辐射带动茶盘洲、泗湖山及漉湖芦苇场三镇。环洞庭湖生态旅游发展片区：以南洞庭湖芦苇场合漉湖芦苇场为核心，打造"南洞庭湖湿地"品牌，开发"湿地生态游"和"水乡休闲游"两大产品，以发展农（渔）家乐为切入点，全力打造水乡生态休闲旅游产品，加强湿地生态，尤其是生物多样性的保护。

表2-14　城镇发展轴线及联系

城镇发展轴	交通线路	主要乡镇
南北发展主轴	升级益沅公路、S204，规划益南高速	三眼塘、沅江中心城区、新湾镇、南嘴
南北城镇发展次轴	规划四共轴线公路	沅江中心城区、南洞庭湖芦苇场、共华、黄茅洲、阳罗洲、四季红
东西城镇联系主轴	升级X008、X009公路及草尾河常鲇航线	南嘴、草尾、黄茅洲、泗湖山、南大膳镇、茶盘洲、漉湖芦苇场

（三）城镇规模等级结构规划

城镇规模等级结构根据城镇人口和非城镇人口，可大致划分以下行政等级，详见表2-15。

表2-15　沅江市城镇规模等级结构（2011年）

地区		城镇人口（万人）	非城镇人口（万人）	合计（万人）
中心城区		38	0	38
中心镇	草尾镇	4	3	7
	黄茅洲镇	3.5	2.6	6.1
	南大膳镇	4	3.5	7.5
重点镇	三眼塘镇	2	2	4
	新湾镇	2	0.9	2.9
	南嘴镇	2	0.8	2.8
一般镇	共华镇	3	3.2	6.2
	阳罗洲镇	1.5	2.2	3.7
	四季红镇	1	0.7	1.7
	泗湖山镇	2	2.6	4.6
	茶盘洲镇	2.5	1	3.5
芦苇场	南洞庭湖芦苇场	1	0	1
	漉湖芦苇场	1	0	1
合计		67.5	22.5	90

（四）城镇职能结构规划

城镇职能结构规划的目标是提升沅江中心城区的城市职能，建设益阳副中心城市；引导市域工业向园区集中，促进中心城区、中心城镇发展；优先发展具有特色和潜力的重点镇，培育新湾、三眼塘两个新的经济增长点，加快地方资源整合开发；根据目标引导，结合市域产业布局和各乡镇发展条件，确定未来的城镇职能结构，可分为综合型、工贸型、旅游服务型、商服居住型和农贸型五类。

草尾镇域职能为工贸型，市域西部中心城镇，毗邻益南高速公路出入口，紧靠南嘴、黄茅洲两镇，位于西部城镇集聚区，是洞庭湖区重要的农副产品集散地和加工地，也是以港口贸易、棉麻纺织、食品加工为支柱产业的综合型滨水城镇。

（五）城乡建设引导

城镇发展的历史经验表明，城镇工业发展越迅速，城镇登记结构越弱化，城镇规模效应的特征日趋明显。城镇化更多表现为农民跨过中心村、镇直接向有一定规模和服务功能的市区集中。沅江市作为益阳市半小时经济圈内的重要城镇，工业园区正处在快速发展阶段，强调人口和用地的规模集

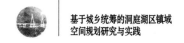

聚，因此沅江市的城镇化将更多的表现为人口向中心城区集中。

在保障和提供基本、均等化的社会公共基础服务设施的规划目标下，根据市域各城镇自然条件、经济和社会发展状况、城镇化趋势，以及设施供给需求的条件差异，将沅江市域城镇划分为中心城区、中心城镇、一般城镇三个等级，按照服务半径、服务人口、建设标准、组合类型和配置，布置城乡社会服务设施。构建镇域内部较好的生活服务中西点，在各镇区适度建设1—2家中型连锁超市，配套卫生院、幼儿园、九年义务教育学校、文化站等公共服务设施。

（六）城乡统筹发展目标

城乡统筹发展的目标是，以科学发展观与和谐社会建设为指导，指定城乡统筹发展的有效措施，努力构建经济实力雄厚、社会事业进步、人民生活富裕、生态环境良好的城乡统筹发展新格局。促进农村工业化进程，大力发展市域经济，以大项目为突破口，增强市域农村经济的内在活力，推动市域经济向规模化、集约化发展，带动第三产业和小城镇发展。

促进城区功能逐步完善，城镇化水平的进一步提升，实现农村富余劳动力有序转移，进一步推进农村城镇化，加快市域经济的发展，加快中心城区和重点镇的建设，增强辐射力和吸引力，形成以城带乡，以工促农的长效机制，加快推进农业产业化，农村城镇化进程，打破城乡二元结构，积极推进公共财政向农村的倾斜，基础设施向农村的延伸，社会保障向农村的覆盖，城市文明向农村的蔓延，建立覆盖城乡的社会保障和均等化公共服务体系，为建设社会主义新农村打下坚实的基础。

（七）城乡统筹发展策略

城乡统筹发展策略应注重以下几个方面。首先，应当注意统筹城乡建设与生态环境保护，顺应"绿水青山就是金山银山"的生态优先发展策略，在不破坏生态环境的情况下统筹城乡建设。其次，要注重城乡经济与社会协调发展，避免城乡经济与社会差距过大所引发的各项问题，保障城乡和谐有序发展。再次，产业作为引导城市发展的重要部分，应当做到城乡统筹、城乡一体，城乡产业协同规划，协调发展，形成城市产业带动乡村产业，乡村产业辅助城市产业的城乡产业格局。同时应注重统筹市域城镇化水平，积极引导新型城镇化，注重以人为本及农村人口市民化等多项城镇化重要问题。土地作为重要资源之一，应当做到城乡统筹，城市发展及用地扩张不应过度侵占农村土地。积极推进乡村振兴，以城带乡引领新农村建设，合理完成城乡居民点体系规划，着重提升农村人居环境，统筹建设农村居民点。最后，统筹城乡基础设施建设，推进城乡各项市政与生活配套符合日常使用需求并在极端情况下顺利运行。

七、农业相关政策与规划

在城乡统筹发展科学发展观的指导下，草尾镇也积极转变农村发展思路，由"重农轻乡"的政策取向转向"以城带乡、以工促农"的发展机制，采取"多予少取放活"的政策方针。

积极发挥项目资金导向作用，全力支持"三农"工作，加大对农村的财政支出，重点用于支持现代农业、特色农业、设施农业；支持重点水利项目、防汛防旱急办工程、农村公路建设，改善农业生产条件；积极实施蔬菜大棚等纯农户增收项目，从农业专项、贷款贴息、良种推广补贴、科技培训等方面给予农副业居民支持。

鼓励发展设施农业、高效农业和生态农业，合理引导进行农业生产的农户，鼓励农民个人、民间资本、工商资本参与设施农业建设，扩大经营规模。为农户提供相应的技术服务，与农业院所结合，依托其人才、技术优势，组织实施"科技示范""科技帮扶""科技培训"三大科技富民工程，推动传统农业向现代农业转变。帮扶纯农户低收入家庭增收，成立专项资金，对农户从事农业生产的费用进行补贴。鼓励非农就业，对其进行就业培训并提供推荐就业服务，对吸其就业的工商企业给予税收优惠政策。对有经商创业需求的农户家庭，给予创业补助并为其进行小额贷款担保。

积极投资建设农村道路，加快农村公路向村组和居民集中点延伸，改造提升水泥路，改造农村公路危桥。投资整治农村环境，包括疏浚河道、整治

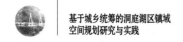
村庄河塘疏浚、推广农村清洁能源和农村改厕等，整治村庄环境并建设垃圾收集屋。

医疗保障方面，完善新型农村合作医疗体系，2011年底实现全镇新型农村合作医疗参保率99.5%以上，村（社区）覆盖率100%。建设农村卫生服务体系，培训农村卫生技术人员，完成社区卫生技术人员继续教育和培训任务。对流转农户进行劳动技能培训并免费推荐就业，和流转土地合作社签订农民就业合同。

八、宏观要求与草尾的潜力

（一）国家宏观发展阶段的改变

2003年下半年以来，国家逐步明确提出进入宏观调控状态，积极鼓励引导经济结构向高级化、集约化、节约型转变，引导经济增长从外延式扩张向内涵式提高转变。"科学发展观""新型工业化道路""节约型社会""绿色GDP"等发展理念的提出，对"以人为本""全面、协调、可持续发展"的再次强调，土地政策的一再紧缩，是上述宏观态势在国家政策方面的反映。

（二）区域发展的要求

湖南省第九次党代会明确提出，转变经济增长方式，扎实推进社会主义新农村建设。湖南省作为农业大省，必须紧紧抓住重大历史机遇，贯彻"工业反哺农业、城市支持农村"和"多予少取放活"的方针，按照"生产发展、生活宽裕、乡风文明、村容整洁、管理民主"的要求，把发展经济放在首位，全面推进新农村建设。紧紧抓住富裕农民这个中心环节，稳定发展粮食生产，大力调整农业结构，加快农业科技进步，推进现代农业建设，发展农业产业化经营，加快农村劳动力转移，努力拓宽农民增收渠道。紧紧抓住环境整治这个重点，完善乡村布局规划和建设规划，有序推进村庄治理，加快实施"千村示范"工程，切实加强农村基础设施和公共事业建设，改善农村生产生活条件。

紧紧抓住深化农村改革这个关键，稳定并完善农村基本经营制度，积极稳妥地推进土地承包经营权流转，深化乡镇机构、农村义务教育、县乡财政管理体制改革，统筹推进农村金融体制、粮食流通体制、集体林权和小型农田水利设施产权制度等改革。建立健全"三农"投入和财政支农资金稳定增长机制，扩大公共财政覆盖农村的范围。积极化解乡村债务，加强对农民负担的监管。健全农业社会化服务体系、农产品市场体系和对农业的支持保护体系，增强农业和农村经济发展的内在活力。把全面提高农民素质作为新农村建设的基础工作，加快发展农村教育、技能培训和文化事业，培养有文化、懂技术、会经营的新型农民。推进农村社会管理民主化，促进乡风文明建设。通过五年的努力，实现村村通公路，所有乡镇、80%的村（行政村）通水泥路和沥青路，尽快让农民都能听上广播、看上电视电影，使新农村建设惠及千家万户、造福广大农民群众。

（三）草尾镇产业所处的发展阶段

草尾镇现有的发展模式可用"土地流转换资金，空间换增长"来概括，在当前"三农"宏观背景下，草尾镇通过土地信托流转，让农田向种田大户集中，农民居住向农村中心社区集中，产业向生态、高效农业方向发展。

/ 第三章 /

全域城乡统筹规划

第一节　城镇发展战略与目标

一、城镇发展条件分析

（一）有利因素

纵观经济发展格局、益阳作为长、株、潭城市群的后花园，经济区位优势明显。沅江市处在长、株、潭经济圈的辐射范围内，草尾镇是沅江市西北部的交通枢纽，是草尾地区的政治、经济、文化和信息中心。草尾镇水路、陆路交通均十分便利。草尾河横卧镇域南面，经此水路可于一日内抵达常德市、益阳市、岳阳市并直通长江。草尾河上游直抵三峡，下游可直达武汉市，南京市、上海市；草尾镇西面有省道S202贯穿镇域南北，北部有乐漉线（X008）从镇区穿越而过，规划建设中的益（阳）南（县）高速公路（G319）草尾互通口在镇区西面3千米处打通，规划中的草（尾）共（华）大桥高架跃过镇区西南部。随着沅江市对外交通网络的建设和发展，草尾镇对外通达的条件进一步提高，草尾镇直接融入益阳一小时、长沙两小时城市经济圈。

草尾镇内各类自然资源丰富，为全镇的经济和社会发展提供了良好的条件；劳动力丰富，随着生产力水平的提高，全镇的剩余劳动力将大大增加，是发展农业产业化和加快劳务输出以及向城镇转移的重要基础。通过发展，全镇已初步形成了大米加工、纺织、船舶修造等主导产业，民营经济已在草尾镇经济发展中崭露头角。草尾镇作为农业大镇，具有较丰富的农业资源，除优势水稻、苎麻、棉花、蔬菜基地外，特色水产养殖基地也已形成规模。

在国家和省市宏观政策调控引导下，草尾镇委、镇政府正确理解、贯彻和执行上级政策，全镇人民认识统一，思路清晰，积极推进农业产业化，加快工业化，积极推进小城镇发展步伐。目前草尾镇委、镇政府的工作方针为：举全镇之力发展工业，达到工业兴镇、工业强镇的目标，集中力量建设

镇区，力争尽快使它们成为带动县城经济腾飞的龙头。这些政策和举措使未来镇区的发展具有良好的政策和群众基础。

草尾镇的发展目前处于关键阶段，随着国家中部掘起战略的实施，国家向中部省份实施政策的倾斜，"长株潭"经济区及环洞庭湖经济区的形成，区域经济合作趋势日益增强，草尾镇承接产业转移，加快工业发展迎来新的机遇。

（二）制约因素

草尾镇产业结构不合理，经济基础有待进一步加强，2011年人均GDP为29.16亿元，整体经济实力有待进一步提升。另外，第一产业、第二产业、第三产业的比例为26：56：15，全镇产业结构有待进一步优化。工业基础良好，工业具有一定的规模，且发展迅速，但规模企业过少且工业链未能形成。现在工业产业以劳动密集型工业为主，且多数为三类工业，环境污染比较严重。

镇区的现有道路及街道已基本定型，不合理的地方难以调整，城市发展长期依托河道沿岸，东西亢长，南北纵深不够。镇域内市政公共服务设施缺乏，道路等级低，路网不够完善，城镇内垃圾处理不规范、污水任意排施现象较严重。

经济全球化，自我国加入世贸组织（WTO）后，草尾镇建设面临许多前所未有的机遇，在一些具备条件的领域有望实现"跳跃式"发展，促进传统产业的嫁接改造升级。但机遇与挑战并存，草尾镇在资金、人才、技术相对落后的情况下，缺乏竞争力，尤其是过渡适应期会面临很大的压力和挑战，且草尾镇尚未形成工业化发展的核心动力，本地企业居多，外来企业数量较少。经济整体规模较小，工业化程度低，企业集群发展滞后，产业支柱不明，尚未形成工业化发展的核心动力。如不能很好地深化改革，加速发展，在竞争中就有可能处于劣势，面临很大困难。在信息时代，如何快速提高城镇化水平，带领广大劳动人民，尤其是农村人民在创新中发展将是草尾镇面临的又一挑战。

二、城乡统筹目标

以全面建设小康社会为导向，以土地信托流转和农民集中居住为抓手，全面推进城乡统筹发展，推进区域协调发展。以增加农民收入、提高农民生活质量为核心，形成以中心镇区带农村中心社区、相互服务、互为市场的城乡统筹发展框架。建设布局合理、功能齐全、生活舒适、安居乐业的现代城镇和富有洞庭湖滨水文化特色的新型农村中心社区。实现基础设施向农村中心社区延伸、社会服务向农村中心社区覆盖、城镇生活方式向农村中心社区延伸的战略。

三、经济、社会发展战略

坚持以科学发展观为指导，以构建和谐草尾为目标，以增加区域发展力和产业竞争力为核心，以科教兴镇和改革开放为保障，以改善人民生活为根本，加快以新型工业化为重点的"三化"进程，积极推进体制创新和科技创新，转变经济增长方式，努力实现全镇经济社会全面协调可持续发展。

紧紧依托中心镇区的发展，积极接受"长株潭""环洞湖"及"泛珠三角"的辐射，有条件地吸纳企业的疏散转移，推动发展地方新技术产业，加速新技术因素对传统产业的渗透改造，提高城镇经济发展水平，扩大城镇经济总量。积极推进农业产业化进程，以建立专业基地为依托，加强"三高"农业示范区建设，实现生产经营的规划化、集约化、一体化，进一步巩固农业的基础地位，促进农业的高效发展。

以商贸物流为主体的第三产业结构，重点发展以现代物流业、批发零售、房地产业为主的生产性服务业，提升现代农庄层次，全面提高现代服务业的支撑水平；加大土地信托流转力度，积极推行农业现代化、产业化，加快有机、规模、观光农业的发展，利用龙头企业推动农业结构调整，打造知名农业品牌，促进传统农业向现代型农业转化。深化对市场竞争新趋势的认识，确立市场导向、勇于竞争、培植优势的思想，扩大内引外联，发展规模

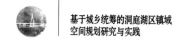

经济，创建地方特色经济，提高经济的规模水平、规模效益，增强市场的竞争力。

按照"镇区现代化、乡村城镇化、城乡一体化"和构建社会主义新农村的目标，高起点地规划基础设施，全面提高草尾镇的服务功能和承载能力，培育各项社会事业发展的新机制、新方式，保障社会稳定发展和人民生活健康、富裕。

坚持可持续发展战略，注重环境效益，保护有限资源，建设节约型社会，营造优美的生产、生活环境。

四、经济、社会发展目标

草尾镇经济发展目标主要根据以往经济水平来测算，2011年人均GDP为29454元，近期（2020年）人均GDP年均递增9%，远期（2030年）GDP年均递增8%，到2030年GDP力争达到113800元左右。

近年来，将人口自然增长率控制在8.5‰以内，中心镇区总人口3万人左右，城镇化水平达到33.4%；初中毕业生升入高中阶段教育的比例达到85%，高等教育同龄人入学率达到40%，人均拥有医疗病床数达到3床/千人，城镇失业率控制在4.5%以内，初步建立社会保障体系和居民医疗保障体系。至2030人口自然增长率控制在7.5‰以内，中心镇区总人口5万人左右，城镇化水平达到71.41%，初中毕业生升入高中阶段教育的比例达到100%，高等教育同龄人入学率达到70%，人均拥有医疗病床数达到6床/千人，实现全面小康社会和农村现代化。

五、城镇发展战略

当前推进城乡统筹发展的首要战略是从传统的"发挥优势"思路转变为"发挥优势与克服劣势并重"，并采用非均衡区域发展战略，增强中心镇区功能，推进城镇化进程。重视产业引领，加速产业结构调整，树立工业强镇的信心与决心，实施赶超战略。优化招商引资环境，加速发展和完善城镇创新体系，改善投资环境。坚持基础设施适度超强的建设方针，增加城镇整体供给，扩大消费需求。

第二节 城镇性质与规模

一、城镇性质

草尾镇的城镇性质为沅江市西北部的交通枢纽，商贸物流中心，以农产品加工业和休闲农庄为主的滨水宜居城镇。

二、城镇规模

（一）镇域人口现状

2011年草尾镇总人口为9.99万，其中农业人口78300人，城镇人口21600人，农业户17570户，劳动力39831人，其中男劳动力21100人，流出劳动力15840人，农业劳动力占48.6%。草尾镇镇域各村的基本情况详见上章表2-2。

（二）镇域总人口预测

草尾镇镇域人口基数确定，以现状建成区用地与人口相对应的原则来统计。根据草尾镇的实际情况，现状人口基数为镇域范围内的常住人口，常住人口中除包括镇域内户籍人口以外，还包括镇域内的暂住人口，流动人口不计入城市人口规模。

根据草尾镇现状人口出生和迁徙情况，2006—2011年，草尾镇的人口综合增长率分别为17.4‰、5.1‰、1.9‰、5.3‰、−6.3‰、13.9‰。近年来，规划期内人口的自然增长基本保持在现有水平，但是随着产业结构调整、服务能力提高、外来人口进入，到规划期末，草尾镇的人口综合增长将呈现稳定的趋势。在过去的几年中，草尾镇的人口增长并不是很稳定，在2006年、

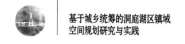

2010年、2011年都出现了较大幅度的增长，纵观几年来的发展情况。近几年的人口自然增长率维持在2‰—9‰，机械增长率平均在2‰左右，人口综合增长率基本保持在中等水平。由于草尾镇与周围各城镇相比有较明显的交通区位优势，再加上草尾镇近年来经济发展速度快。因此从未来发展趋势来看，草尾镇的经济实力会有所增强，周围地区的人口会向草尾镇城区集中，人口的机械增长将有所增加。预测采取公式如下：

$$P_n = P_0 (1+r)^n$$

其中 P_0 为基年人口，即2011年末人口，为97800。P_n 为预测年末人口，n 为预测年限，2012—2020年 $n=9$；2021—2030年 $n=10$，r 为人口综合递增率，主要依据国家及省市各级计划生育部门的要求及人口增长的历史惯性确定。

规划确定：2012年至2020年自然增长率取8.5‰，机械增长率取–18.5‰，综合增长率 $r=-10$‰；2021年至2030年自然增长率取7.5‰，机械增长率取–32.5‰，综合增长率取 $r=-25$‰；2012年至2020年：$P_n=97800 (1-10‰)^9 \approx$ 89500 ≈ 9万；2021年至2030年：$P_n=90000 (1-25‰)^{10} \approx 69800 \approx 7$万。

（三）镇区人口规模预测

草尾镇城镇人口基数确定，以现状建成区用地与人口相对应的原则来统计。根据草尾镇的实际情况，现状城镇人口基数为城镇规划区范围内的常住人口，常住人口中除包括城市规划区内户籍人口外，还包括城镇规划区内暂住人口，流动人口不计入城市人口规模。

方法一：综合平衡法

$$P_t = P_0 (R_1+R_2)(t-t_0)$$

其中，P_t 为 t 年预测人口数；P_0 为基期年人口数；R_1 为年均自然增长率；R_2 为年均机械增长率；t 为预测年份；t_0 为基期年份。

以草尾镇区现有人口为基数，使用数学模型进行初步测算。P_0 以2011年底草尾镇区人口为基数，取值18600；R_1 因考虑到近几年草尾人口自然增长率，取值为8.5‰；R_2 因考虑草尾镇基础设施逐步完善，小城镇建设力度进一步加大，城镇建设逐步完善，各类产业飞速发展，各类就业岗位将明显增多，农村剩余劳动力以及外来务工人员越来越多，转移的步伐加快，草尾镇的机械增长率会有较大增加，故本次规划城镇平均机械增长率按3.38%取值；t计算2020年、2030年数据；t_0为2011年；

则有2020年：$P_{2020} = P_0 e^{(8.5‰ + 5.46\%)(2020-2011)} \approx 30000$人；

2030年：$P_{2030} = P_0 e^{(8.3‰ + 5.24\%)(2030-2011)} \approx 50000$人。

方法二：比例法

根据草尾镇域城镇化水平预测，2020年城镇化水平为33.4%，2030年为72.3%，届时城镇人口近、远期将分别达到3万人、5万人左右。

结论：综合上述二种方法预测结果，根据人口变动的地区实际情况和可能条件，确定草尾镇城区人口规模近期约3万人，远期约5万人。

第三节　中心镇区用地规划

一、城镇建设概况

草尾镇区总用地面积为173.52公顷（现状），总建设面积为173.52公顷，草尾镇区用地主要是沿道路布局，各类用地比例不平衡，布局很乱，各种系统不协调。人均建设面积为93.29平方米，基本符合《镇规划标准》的要求，属于用地指标分级第一级标准。

现状居住用地92.76公顷，占镇区建设用地的53.46%。居住用地开发强度较低，住宅多为平房，建筑质量良莠不齐，且与其他用地混杂。近年来，随着城镇的发展，沿主要道路两侧建造2—3层的商住混合住房，一定程度上改善了居住用地质量。总体上现状镇区居住环境较差，缺乏公共绿地和公共服务设施，市政设施配套不完善。草尾镇的公共设施用地面积为28.10公顷，占镇区建设总用地的16.20%，但比例分配不尽合理，公共服务设施不完善，规模小、档次低，科技、文化、娱乐、体育设施严重不足，远远不能满足居民日益增长的生活需求和草尾镇未来发展的需要。

草尾镇现状工业主要分布在镇区江堤东路两侧，少量分布在沿河路

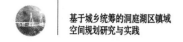
两侧。工业类型主要为纺织、米业、木业加工、电缆制造以及船舶修造工业。镇区工业总用地面积为23.31公顷，占镇区建设总用地的13.44%。草尾镇现有9处仓储用地，总用地面积22153平方米，基本满足草尾镇粮食储存的要求。

镇区现有加油站一处，供电所、自来水厂、邮政局和电信局各一处。工程设施用地总面积2.49公顷，占镇区建设总用地的1.43%。工程设施用地分布较为分散，但能基本满足草尾居民的需要。

二、现状用地存在的问题

目前，镇区在道路交通、用地等方面存在诸多问题，如道路红线过窄，等级偏低且断面形式简单，不能满足现阶段和将来的交通需要。同时，道路人车混行，路面损坏情况普遍。镇区目前功能分区较为模糊，用地混乱，地块间相互影响现象严重，各类用地比例失衡，分配不合理，公共服务设施不完善，使用不便。

三、中心镇区用地布局原则

坚持整体协调原则，协调处理好各种交通运输方式之间、城镇道路与对外交通之间、各组团之间的道路交通联系，形成既相对独立、完善，便于分期实施，同时又有机联系的路网体系；坚持适度超前原则，在满足各种用地发展要求的基础上预留足够的土地，以适应更大规模的发展；坚持特色化原则，塑造高品位的城镇空间环境，突出本土文化特征，延续城镇文脉；坚持以人为本原则，充分考虑人的需要，合理配置各项生活服务设施，营造宜人的社区居住环境；坚持可持续发展原则，总体布局应充分结合现状合理布局，因地制宜地协调经济发展和环境保护之间的矛盾，协调近期和远期建设之间的关系，建立新世纪湖乡滨水城镇。

第四节　道路交通规划

一、道路交通现状

草尾镇镇区道路广场用地面积为68.10公顷，占镇区建设总用地的13.72%。草尾镇现状没有广场及社会停车场，城镇现状道路骨架比较完整，道路也基本实现硬化，但道路红线过窄，等级偏低，断面形式简单，道路人车混杂，路面损坏严重，不能满足现阶段和未来的交通需要。

二、规划原则

草尾镇规划原则是合理布局，协调统一。根据城镇发展的特点，合理分布路网，保证交通顺畅；等级鲜明，分工明确。合理划分道路功能、道路等级，增加道路交通设施，重视静态交通设施规划；确保建设强度适中、尺度适宜，根据交通需求确定道路断面，避免过分超前造成浪费。

建立城镇与区域协调的对外交通体系。对内交通要保证系统完善，功能匹配，对外保证安全便捷。完善镇区道路交通网，建立均衡高效的路网系统，适当发展私人机动化交通，加快停车场建设。建立现代化交通管理系统，形成主次分明、功能明确、快慢有别、人车分流的规范道路，并符合现代化城镇功能与环境要求的镇区道路系统。

三、路网规划

根据相关规划原则，规划道路等级体系划分为过境路、干路、支路。

过境路：过境路主要包括草尾大道（X008）、胜天路和益南高速，道路红线宽依次为32米、32米、24米。主干路：主干路包括人民大道、草尾大道、

运粮路、校园路，红线宽依次为36米、24米、22米、25米。次干路：次干路包括振兴路和前进路，道路红线宽依次为24米、18米。支路包括兴新街、兴园路、共和街（北段）、康复路，红线宽依次为18米、15米、12米、8米。

四、社会停车场地及广场

规划设置汽车客运站2处、公共停车场5处、市民休闲广场2处。道路广场用地面积68.10公顷，占建设用地的13.72%。

社会公共停车场分为区外机动车公共停车场和区内机动车公共停车场。外来机动车公共停车场设置在镇区对外出入口附近，镇区内机动车公共停车场主要设置在商贸、大型公建及交通枢纽附近，服务半径不大于300米。配建停车场指标按表3-1执行。

表3-1　配建停车场指标

类别	单位	机动车	自行车
高中档旅馆（宾馆、招待所）	车位/客房	0.2—0.25	1
普能旅馆	车位/客房	0.1—0.15	1
饭店、酒家	车位/100平方米营业面积	1.7—1.8	0.6
机关、金融、合资企业办公楼	车位/100平方米建筑面积	0.7—0.8	0.4
普通办公楼	车位/100平方米建筑面积	0.3—0.4	2
商业大楼、商业区	车位/100平方米营业面积	0.25—0.3	7.5
肉菜、农贸市场	车位/100平方米建筑面积	0.15—0.2	7.5
大型体育场馆	车位/100座	0.25—0.3	15
镇级影剧院、会议中心	车位/100座	2.0—3.0	15
旅游区、渡假村	车位/1公顷占地面积	6.0—8.0	12
镇级公园	车位/1公顷占地面积	1.5—2.0	20
医院	车位/100平方米建筑面保	0.2—0.3	1.5
中学	车位/100学生	0.3—0.35	1.5
小学	车位/100学生	0.5—0.7	40—80
多层住宅	车位/户	0.1—0.12	8—15
别墅式住宅	车位/户	1.0	2—3
工业厂房	车位/100平方米建筑面积	0.08—0.1	1.5—5

五、公共加油站

公共加油站的服务半径宜为0.9—1.2千米，公共加油站的选址应符合国家有关规范的规定，进出口宜设置在支路上，并附设车辆等候加油的停车道，镇区设置公共加油站1处，位于物流仓储区胜天路旁。

第五节　绿地景观系统规划

一、绿地系统规划

（一）规划原则

充分利用城镇的自然"滨水格局"，确定与城镇用地布局相适应的多级园林绿地结构。充分考虑城镇未来的拓展方向和模式，完善城市功能组团分隔，营造自然与人工的立体绿化网络，满足城镇对绿地的各种功能要求。

处理好园林绿地系统的"低起点"与"高标准"之间的矛盾，制定切合实际的分期实施目标，提高城镇整体绿化水平和综合生态效应。从区域发展考虑，以结构合理、功能优化、产出高效的可持续发展为原则，打破城乡界限，强化"经济绿地"概念，依托周边农业的支撑作用，建立城乡一体化的联动绿化网络体系，为城镇的远景发展预留余地。

通过园林绿地建设，弘扬地方文化，改良城市自然景观和人文景观。强化益阳市作为湘中北地区中心的职能，吸引投资、旅游和消费，从而促进城市经济的繁荣发展。绿地系统点、线、面结合，加强草尾河、塞阳河两岸景观和生态的保护，做好各个层次的绿化规划。

（二）绿地系统规划目标和布局

保护现有水体绿化和近郊农田，加强滨水绿化建设；根据现有自然条

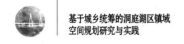

件，以集中与分散相结合的方式布置绿地，设置生产防护绿地和方便居民使用的公共绿地。

采用"点、轴、带"相结合的布局，结合滨水绿化、渠道水系和防洪干堤绿化带，建立有机、融洽、统一的城镇绿地系统，形成"点、轴状加滨水带包围式"绿地的结构形式。结合镇区滨水"绿轴"与"蓝轴"，形成以益南高速沿路防护绿化为纵轴，以草尾河、草尾大道、前进路、人民大道、大同大道滨水绿地为横轴的由水源保护绿地、防护绿地、自然湿地和滨水公园构成的生态恢复廊道，宽度控制在10—30米；形成由干道交叉口、城市景观重要结点、社区级公园、小游园和街头绿地等组成的绿化体系；规划绿地面积63.94公顷，占总规划面积12.88%。

（三）绿地规划

草尾镇区绿地规划包括公共绿地规划、生产防护绿地规划和生态绿地规划。

镇区规划公共绿地总面积42.29公顷，分为中心公园、社区级公园及街头绿地三个类别。中心公园规划1处，位于上码头路与人民大道交汇处；社区级公园规划2处，位于前进路和车站路以及上码头路交汇处；街头绿地主要分布于人民大道道路两侧和主要道路出入口附近。

镇区规划生产防护绿地21.65公顷，主要布置在生产建筑、变电站、污水处理厂和垃圾中转站周围等；生态绿地由基本农田、耕地和自然湿地组成。规划强化镇区外围的生态"绿环"，建立城乡一体化的绿化联动体系，为镇区的远景发展预留余地。

二、景观系统规划

（一）规划原则

强调城镇景观规划与城镇总体规划、土地利用规划的关联性与延续性；努力创造可以吸引广大市民的城镇公共活动空间和建筑群体空间；充分利用与发挥良好的自然环境条件优势，把河、城、田等自然景观要素引入城市，与城镇建设统一考虑，使河、城、田三者交融，促成城镇整体生态环境的保护、协调与发展；创造高品位的现代城镇景观形象，同时保护、发掘、利用其历史人文景观遗存，建立独特的城市形象特色；严格控制近期不具备建设条件的地区。集中力量高标准地对城镇景观影响最大、改造效果最显著的局部地段进行改造。由易到难，由外向内，重点改造沿河景观带。

（二）景观节点和景观轴线

景观节点：门户节点，加强与南大、黄茅洲、共华方向、港口码头等镇区出入口处的景观建设，设计不同主题的景观标志；交通节点，重点对华润大道、益南高速、中心区沿线道路等处加强绿化和夜景照明工程建设；地标节点，重点建设一处镇区地标节点，一处位于新政府南面的地标节点。

景观轴线：两条城市景观主轴，华润大道沿街绿化轴线，益南高速对景轴线和视觉走廊；一条水景轴，草尾河水景主轴。

（三）城市景观带

道路景观带：规划和控制华润大道、益南高速、沿河路。

滨水景观带：治理内河水系，构筑镇区的蓝色通道，强化城市的亲水性；结合草尾河沿岸的保护和开发，建设好草尾河风光带；逐步搬迁河流沿岸的工厂、仓储等建筑，建设绿色开放空间。

第六节　公用工程设施规划

一、给水工程规划

草尾镇大部分地区基本实现了自来水供水，有小部分地区还采用分散式打井取水的方式。草尾镇有赛波水厂和中码头水厂，均取用地下水，采用变频自动供水给管网，管网布置基本为枝状管网形式。根据用水量需求，合理

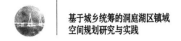

开发利用当地水资源，加大再生水利用力度，按照优水优用的供水原则，人均综合用水指标取350升/日，到2030年规划草尾镇远期用水量1.75万立方米/日。

草尾镇供水水源以草尾社区地下水为主，采取工程和管理措施以满足镇区用水需求，加强水源地的植被保护和安全措施、水源保护区的划定及各级保护区的污染防治。

（一）水厂建设

规划在草尾老城区北部腾飞路和前进路交汇处设置水厂，供部分村和镇区供水，水厂供水能力为4.5万吨，近期采用现有水厂供水。

（二）管网布局规划

给水系统整体规划，分期建设，主管以环状管网布置，通过支管供给到各地区。提高供水安全可靠性。同时用最高时用水量加消防以及发生事故时管网供水的可靠性对供水管网进行校核，充分利用地形和现状供水设施，对管径偏小的管网进行改造。主管管径为300—400毫米，支管管径为150—200毫米。

（三）水源保护

根据《中华人民共和国水污染防治法》和《饮用水水源保护区污染防治管理规定》的要求，规定不得在供水取水点周围100米半径的水域内停靠船只、游泳和从事一切可能污染水源的活动。防护范围内不得堆放废渣、设置存放有害化学物品的仓库和堆场。

二、排水工程规划

（一）排水工程现状

镇区内现状排水体制多为雨污合流制，均为明渠或暗沟，排放方式为分散式直接排入水体。地面雨水皆就近排入雨水管道或各河流水体，给受纳水体带来严重污染。现没有建设污水处理厂。

（二）排水体制和污水量

新建镇区采用雨水、污水分流的排水系统，工业污水及生活污水必须经镇区污水处理厂集中处理达标后方可排放。对旧城区的排水系统要进行调整、改造，逐步将旧城区的排水系统改建为分流制。污水量按给水量85%计算，则本规划区的污水量为1.49万吨/日。

（三）污水处理厂规划和雨污水管网布置

规划区生活污水纳入污水处理厂统一处理。镇区污水处理厂与黄茅洲镇共建，位于规划区东北面。雨水排放分为三个片区，物流仓储区、新城区、老城区，分别排入就近水体。规划区的污水管与道路平行布置，将镇区污水自西北向东南汇集后送入污水处理厂，污水管径为600—1000毫米。

（四）现状管网改造

老镇区原有合流制排水系统，逐步改建成分流制系统，原合流管道改为雨水管道。

三、电力工程规划

（一）电力现状和负荷预测

草尾镇现设有35千伏变电站一个，占地约6亩。草尾镇供电所辖区内现有各类用电客户26638户，其中专变客户83户，10千伏线路8条，总长179.80千米。同时，镇内拥有变压器2台，400伏线路679千米，各类配电器282台，其中共变199台，容量为24040千伏安，专变83台，容量为16720千伏安。根据草尾镇用电现状，预测规划区内最大供电负荷为6.5万千瓦。

（二）变电站和电力线路规划

近期利用现有35千伏变电站，远期将现有35千伏变电站改造为110千伏变电站，规划区内设10千伏开关站4处，开关站建设占地约400平方米。

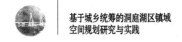
其中10千伏电力线路远期采用地埋敷设，110千伏电力线路预留高压走廊宽度为25米，进出10千伏开闭所的电力线路在电力电缆沟内敷设，局部地段可根据地形情况架杆敷设或者直埋地下。

四、通信工程规划

（一）通信工程现状和电话量预测

草尾镇镇区设有电信所和邮政所各一处，负责整个草尾镇的电信服务，基本满足镇用户通信的需要。草尾电信局和草尾邮政支局均位于草尾镇。其中，草尾电信局用地面积为4亩，建筑面积为1800平方米；草尾邮政支局用地面积为1.5亩，建筑面积为1000平方米。镇区内电话普及率按50门/百人计算，预测规划区市话容量达到1.5万门。

（二）设施规划和线路规划

电信支局中程控交换机容量为30000门，规划设置电信电缆交接箱30处，单个电信电缆交接箱配线容量1500对线。电信线路由沅江市电信局引至电信分局，再由电信支局引至相应的电信电缆交接箱。其电信主干线路采用φ114PVC排管，敷设于地下，埋深0.75米。镇区规划主干线路下的支线及用户线可采用架空线路，也可采用地埋电缆直埋。

（三）邮政局所和广播电视规划

根据草尾镇具体情况，保留现有邮政局，并规划建设新的邮政局2所。镇区逐步形成完整的双向化光纤传输网，远期普遍实现光纤到用户，镇区有线电视覆盖率达到100%。

五、燃气工程规划

（一）燃气工程现状和气源选择

草尾镇燃气气化率有待提高，现全部为瓶装液化石油气用户，未有管道气。随着城市的不断发展和人民生活水平的提高，使用管道气势在必行，其对于改善大气质量，保护环境具有积极意义。草尾镇区近期气源以液化石油气为主，远期规划天然气作为主要气源，利用沅江天然气气源对镇区进行管道天然气输送。

（二）气化率、用气量预测和燃气管网规划

规划远期气化率达到100%，管道供气率近期为30%，远期达到85%。天然气综合指标240立方米/年。2030年镇区年耗气量达1200万立方米。燃气工程建设应一次规划，分期实施，管网采用放射枝状为主，规划燃气输配系统的压力级别采用低压一级系统。

第七节　综合防灾规划

一、防洪及排洪规划

（一）防洪现状、镇区防洪标准和防洪范围

草尾镇河湖水域面积较大，整体地势较低，且该地区暴雨频繁，洪涝灾害常有，防洪设施建设有一定的基础。全镇管理一线防洪大堤26803米，其中南堤20135米，北堤6668米。镇管电排站23处，其中外排机埠4处，机组56台，总装机6160千瓦。规划期末，草尾镇区规划人口5万人，按照人口规模和沅江市城市总体规划（2011—2030年）要求，草尾镇防洪标准采用30年一遇标准控制，沿草尾河布设防洪堤，堤长约为9千米。

（二）防洪堤规划和治涝规划

草尾镇设立防洪保护圈，加高培厚原有堤防，增设新堤防。20年一遇堤防采用Ⅱ级，堤宽不小于6.0米。沿草尾河加固堤防，堤顶高程等于设计水位加超高2.0米，镇区防洪工程应与草尾河风光带结合。

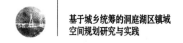
草尾镇治涝标准按10年一遇，最大24小时暴雨24小时排干。以防洪干堤为界，划分为2个大排水片区，分别为防洪干堤以西和防洪干堤以东。扩建原有电排站，扩充原装机容量，扩建4个外排机埠，总装机容量1万千瓦。

二、消防规划

（一）指导思想及规划目标

按照"预防为主、防消结合"的消防工作方针，本着既经济合理，又技术先进的原则，力争对城镇消防站、消防道路、消防通讯等项目进行系统规划，从根本上减少和防止火灾发生，并为扑救工作创造有利条件，把受灾区和损失减少到最低。

通过本规划的制定与实施，使城镇的消防建设适应社会发展和经济建设，完善城镇消防基础设施。提高城镇抗御火灾的能力和全民的消防意识，最大限度地减少火灾造成的损失。在此基础上，逐步实现消防队伍和设施向多功能发展，使之成为城镇防火、灭火和紧急处置各种灾害事故、抢险救援的突击队。

（二）城镇消防安全布局

在城镇总体规划布局中，将装有易燃易爆物品的工厂、仓库设在城镇边缘的独立安全地区。具有可燃气体、可燃蒸汽和可燃粉尘的工厂和液化石油气储存地应布置在城镇全年最小频率风向的上风方向，保持规定的防火间距。

在城镇规划中合理确定液化石油气供应站的位置，对现有的汽车加油站采取有效的消防措施，确保安全。加强建筑设计防火审核工作：城镇内新建的各种建筑物，应建造一、二级耐火等级的建筑，严格控制三级建筑，禁止修建四级建筑，以此提高自防自救能力。

城镇中原有耐火等级低、相互毗连的建筑密集区应纳入城镇改造规划，积极采取防火分隔等措施，逐步改善消防安全条件。在城镇设置集贸市场时，不得影响交通和堵塞消防通道。按照规划，工业项目全部安排在位于镇区北部的工业区，但是严禁在该工业区设置甲、乙类生产厂房。

（三）消防供水规划和消防通信规划

1. 消防供水规划

消防与生活供水管网合一供水系统，供水管道逐步向环网发展，以提高消防用水的可靠性。消火栓统一采用一种型号；市政消火栓按规范沿道路设置，尽量靠近交叉路口，其保护半径不大于150米，两栓间距不大于120米。

2. 消防通信规划

建立119、120、110联动报警系统，达到多功能、多渠道报警、救护要求；消防指挥中心与城市供电、供水、供气、医疗、交通、以及消防重点单位设置消防专线通讯，以保证报警、灭火、救援工作的顺利进行；消防队消防通讯装备的配备，必须成立独立完整的系统，完成配备项目。本着"预防为主、防消结合、合理布点"的原则，统一规划消防站、消防用水、消防通道和消防通讯网。

三、地质灾害防治规划

地质灾害：消除一般地质灾害隐患，使地质灾害防治管理正规化。改善地质环境，降低地质灾害发生的危险程度，实现地质环境与生态环境的根本好转。

血吸虫防治：逐步消灭血吸虫病。

第八节　城镇空间管制

一、管制范围

城镇空间主要通过"四区三线"进行管制，具体范围即规划区，总面积

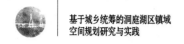

5.13平方千米。

二、"四区"管制

"四区"指已建区、禁建区、限建区、适建区四大类型地区。其中：已建设区，主要指现状建成区；禁止建设区，包括基本农田保护区、水域、生产防护绿地，区内只允许符合景观保护、观光休闲和文化展示的用途，不得进行大规模建设；限制建设区，包括一般农田、大面积乡村地区空间、草尾河南岸滨水以内地区、镇总体规划中按功能明确限制和控制蔓延的地区；适宜建设区，为主城区可以安排城镇开发项目的地区。

三、"三线"管制

"三线"指城市蓝线、城市绿线、城市黄线。

（一）城市蓝线

指规划区内河、渠和湿地等地表水体划定保护和控制的地域界线，具体包括草尾河、塞阳河干流本区段等，在城市蓝线内进行各项建设，必须符合经批准的城市规划。

（二）城市绿线

城镇绿线范围内的公共绿地、防护绿地、生产绿地、居住区绿地、单位附属绿地、道路绿地等，必须按照《城市用地分类与规划建设用地标准》《公园设计规范》等进行绿地建设；镇区绿线内的用地，不得改作他用，不得违反法律法规、强制性标准以及批准的规划进行开发建设。

（三）城市黄线

主要指对镇区发展全局有影响的、必须控制的镇区基础设施用地的控制界线。具体包括城镇交通设施、给排水设施、城镇供燃气设施、供电设施、通信设施、消防设施、防洪设施、防灾设施以及其他对城镇发展全局有影响的城镇基础设施。在城镇黄线内进行建设，应当符合经批准的城市规划。

在城镇黄线范围内禁止违反城市规划要求，进行建筑物、构筑物及其他设施的建设；禁止违反国家有关技术标准和规范进行建设；禁止未经批准，改装、迁移或拆毁原有城镇基础设施；禁止其他损坏城镇基础设施或影响城镇基础设施安全和正常运转的行为。

/ 第四章 /

城乡聚落体系规划

第一节 规划总则

一、背景

根据村内部意见，村内居民点布局意向依照大局实际情况确定。此次村庄规划中居民点详细规划只是对以后居民点修建模式、风格提出示意，以便为以后居民点建设的建筑密度、容积率等提供参考。

二、场地现状条件分析

该集中居住区位于沅漉线北侧，规划用地总面积18.88公顷，用地性质以公共建筑为主，此外规划居住户数1037户。居民点内部有部分水塘，周边为农田，环境优美。

三、规划内容

（一）住宅选型

本居民点主要结合远期集约利用土地的发展和村民意见，采用4层住宅和1层辅助用房相结合的住宅。新建住宅以联体行列式为主，前后适当留有院落，形成"前庭后园"的布局。

（二）组团布局

结合现有道路和地形，内部设公共活动场，住宅布局采用行列式，并加以局部的前后错让，形成一个既严谨又活泼的居住空间。

（三）内部交通组织

本区主要道路宽5—8米，组团级道路宽3.5米，入户路宽3米。

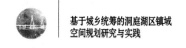

停车：在集中居住区设置公共停车场，宅旁绿化用地设置停车位，解决外来车辆的停车问题，内部停车问题靠宅前空地或停车场来解决。

第二节　城乡聚落体系统筹规划

一、聚落体系现状与问题

（一）"一核两元多线"聚落体系

草尾镇域目前的聚落体系，基本是按草尾镇区、新安集镇、大同闸集镇和沿渠道成线布局的居民线发展。草尾镇全镇产业基本形成以土地信托流转为依托，沿S202发展蔬菜种植，其他地区发展水稻种植和水产养殖的格局。

（二）村镇居民点体系中不同聚落间的职能分工不明确、发展目标同构以及对同类资源恶性竞争的现象明显

长期以来，由于部门分割，各部门、行业和地区的各种规划、计划相互脱节、相互分割甚至相互矛盾，导致规划在空间落实上相互冲突，"规划打架"降低了政府行政效能，影响了规划的严肃性、法定性，也损害了政府的公信力。各村的产业布局未实行统筹规划和分配，导致流转产业发展雷同，未形成有效的规模效益。

（三）未能围绕村镇居民点体系构筑起完善的功能空间、分类支撑系统，未能实现基础设施一体化

围绕镇区、新安、大同闸已经初步形成一体化功能与基础设施体系，但是明显不够。以草尾镇区为例：草尾镇区目前已经发展到拥有2.13万人口，但其对外的交通联系仍然不是完全畅通的。相较于新安，大同闸对外的交通联系就更差了。

对于集镇、村庄而言，功能空间的完善、基础设施的一体化与分类支撑

的情况显然要更差。除了镇区与外围其他城镇之间，外围城镇、居民点相互之间也应该系统、整体配遣功能空间，并在有条件时实现一体化发展。但这方面缺乏明确的相互联系和整合发展线索。

二、聚落体系规划

（一）未来乡村经济社会发展的总体特征

1. 复合多元的产业结构

草尾镇的农村产业已不能单纯局限于一般的农业生产功能，而要在强调农业集约化、高效化、科技化的同时注重其与休闲旅游、商贸物流、文化教育等服务功能的结合，不仅发展第一产业，而且注重第一产业与第二产业、第三产业的结合，发展复合型多元化产业。

2. 城乡一体的人口构成

未来乡村不只是农业生产中心，而是一种与城市具有同样高品质的居住地。其人口构成既有草尾本地的农业人口、也有村庄流转土地打工的农业人口。

3. 城乡均等的基本公共服务

未来草尾乡村将拥有均等化、高品质的基本公共服务，包括公共基础设施（水、电、路、公交、污水、垃圾处理等）、公共服务设施（基础教育、医疗、社会保障等）、生产服务设施（农田水利、科研基地、配送加工基地等）。

（二）构建"布局集约、分工明确、品质均优、城乡一体"的两级聚落体系

首先，规划形成"中心镇区—农村中心社区"两级聚落体系。

在与沅江市城市总体规划（2011—2030年）体系相衔接的基础上，依据草尾镇空间发展目标，规划全镇形成"中心镇区—农村中心社区"两级聚落体系。

布局集约主要体现在：减少布点、简化层级、集中建设用地。

73

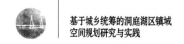
　　分工明确主要体现在：中心镇区大力发展居住、综合商贸物流业、乡村生态旅游度假会务业等适宜的第三产业。

　　品质均优主要体现在：所有聚落作为居住地，其服务、设施和景观等方面品质均优。

　　城乡一体主要体现在：所有聚落构成区域的完整功能，都是区域竞争力不可分割的组成部分；聚落之间有紧密的分工协作关系；所有聚落由发达的镇域交通与设施网络体系连接为一体。

　　其次，依托城乡一体化公共交通的大力发展，积极推进农村中心社区建设，使其扮演全镇域城乡统筹的核心空间载体。

　　对于农民而言，小城镇和农村中心社区拥有接近农业生产、社会与文化环境亲切、生活成本低等优点，缺点则在于农村集中居住区品质不够。但是，农村中心社区既可以享有一般小城镇的优点，同时也能够实现自身的高品质，而且农村中心社区从基础设施的门槛规模角度来看，要远远优于传统村庄。因此，农村中心社区应该是草尾城乡统筹的一个关键要素。

　　最后，遵循确保（农民）利益、自觉自愿、依据规律、积极渐进的原则，分类、稳妥推进村庄建设用地流转置换，推动空间城镇化的"占补平衡"和农地整理工作。

　　总体上，村庄的设施规模效益差、用地集约程度低，而中国的国情则要求最严格的节约集约用地方式，镇区的高可达性也能够帮助解决农业生产半径的问题，规模农业生产也要求整合被破碎化的用地。而且，我们现阶段也不具备足够的能力给所有村庄足够的反哺。在这种情况下，一方面将小城镇作为城乡统筹的主要据点、乡村聚落的主要形式，另一方面对于村庄，将按照有机渐进、自觉自愿的原则，推进建设用地流转、置换，村庄最终复垦为农地。这样，总体建设资源也将避免在面广量大的村庄"撒胡椒面"，从而集中进行具有长远效益的投向。

　　（三）各级聚落的概念与设置

　　1. 新中心镇区

　　指品质达到了现代城镇水准、承担产业和居住功能、同时联系广大农村，提供农村商品流通和吸引农民集中的小城镇。

基本特征包括：有相当比例的通勤就业人口；有相当比例的服务城市型产业，集聚居住人口规模一般在1.5万（基于一个能够实现基本公共设施自我完善的大型居住区的门槛规模）至5万；农业服务职能是新中心镇区一个很重要的职能。

2. 农村中心社区

农村中心社区的设置标准，从未来发展看，仍将保持相对独立。并具备以下条件或之一：具有明显文化和资源特色，现状发展非常成功、有特色，有农业耕作半径需要，有比较优越的交通区位条件等。

农村中心社区包括：2号农村中心社区、3号农村中心社区、4号农村中心社区、5号农村中心社区、6号农村中心社区、7号农村中心社区、8号农村中心社区。

（四）聚落体系规划发展指引

综合上述分析，至2030年，草尾全镇域总体形成"一中心七社区"的两级聚落体系结构，具体详见表4-1、表4-2。

表4-1 中心镇区聚落

聚落体系	序号	名称	人口规模（万）	人均用地	用地规模（公顷）
新中心镇区	1	草尾镇区	5	102.6	513
	合计		5	102.6	513

表4-2 农村中心社区聚落

聚落体系	序号	名称	人口规模（人）	人均用地（平方米）	用地规模（平方米）
农村中心社区	1	2号居民点	1239	46.7	57905
	2	3号居民点	1036	57.5	59641
	3	4号居民点	1484	65.2	96875
	4	5号居民点	5852	33.7	197420
	5	6号居民点	3290	41.9	137822
	6	7号居民点	1169	35.7	41685
	7	8号居民点	3850	36.4	140171
合计					679404

第三节　居民点规划

一、规划结构与布局

规划村庄集中居民点结合村域中用地条件优良、交通优势明显的地块进行布局，村民工作半径合适。

二、居民点建设

住宅新建与整治：新建住宅要求按村庄建设标准，控制户均建设用地和宅基地，宅基地一般不得大于150平方米每户。村民新建住宅必须在规划的村民点内进行，遵循就近迁移原则，实际操作中可根据村民需要作适当调整。

公用市政设施：给水方面，引用草尾镇自来水厂的达标水，保证水质。对各户现有水井不强制拆除，不得私自新掘水井；排水方面，统一实行有组织排水，雨污分流，明沟排雨水，暗管排污水，严禁污水未经化粪池或沼气池处理排入污水系统；环卫设施方面，规划垃圾收集设施和转运设施，严禁乱丢垃圾、泼污水。

道路系统：居民点内的道路按两个等级建设即主路和次路。主路宽度为6米，次路宽度为3米。主路要考虑布设排水沟和埋管线的位置。在村级服务中心及商贸市场配置有一定规模的室外停车场，主要是服务外来车辆，在居民点内部配置有少量的室外停车位，主要供居民点内部人员使用。

景观绿化和竖向：各居民点加强绿化建设，宅旁、道路、公共中心、绿地尽量增加绿化覆盖，实现立体化种植花卉草木；充分利用各居民点现有地形，避免大开大挖，尽量减少土方，降低工程造价。

/ 第五章 /

中心镇区城乡统筹规划

第一节　发展条件及开发策略分析

一、上位规划

基于沅江市城市总体规划（2021—2030年），市域城镇体系现状特征表现为中心城区集聚能力不强，故提出城镇体系结构规划的总思路：首先尊重自然生态格局，有效保护环洞庭湖湿地保护区，集中建设南部，提升南部和北部，极化中心城区，重点发展沿交通走廊城镇群；其次积极培育赤山岛旅游休闲片区，建设北部旅游度假基地；再次提升中心城区的产业能级，强化中心极核的带动作用；最后建设草尾镇、黄茅洲镇、南大膳镇三个中心镇，完善等级体系和职能结构，带动相关区域发展。

为提升沅江中心城区的城市职能，建设益阳副中心城市，沅江市提出以下城镇职能结构规划目标：引导市域工业向园区集中，促进中心城区、中心城镇发展；优先发展具有特色和潜力的重点镇，培育新湾、三眼塘两个新的经济增长点，加快地方资源整合开发；根据该目标导引，结合市域产业布局和各乡镇发展条件，将未来的城镇职能结构分为综合型、工贸型、旅游服务型、商服居住型和农贸型五类。

纵观经济发展格局，益阳市作为长、株、潭城市群的后花园，经济区位优势明显。沅江市在长沙至常德沿线，处在长、株、潭经济圈的辐射范围内。草尾镇是沅江市西北部的交通枢纽，是草尾地区的政治、经济、文化和信息中心。草尾镇现职能为工贸型，市域西部中心城镇毗邻益南高速公路出入口，紧靠南嘴、黄茅洲两镇，位于西部城镇集聚区，是洞庭湖区重要的农副产品集散地和加工地，也是以港口贸易、棉麻纺织、食品加工为支柱产业的综合型滨水城镇。

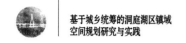

二、开发条件

本规划区（草尾居委会、胜天村、上码头村、立新村相关区域）作为草尾城镇发展功能区，用地条件比较充裕。规划区内用地基本为农田和丘陵，植被较好，空气清新。本次规划延承总体规划关于"一心、三带、三轴、七点"的构想，充分利用现状地形条件，适当保留和合理改造部分水体，力图建设一个生态高效的城镇新区。规划区交通便捷，北部有乐漉线（X008）从镇区穿越而过，规划建设中的益（阳）南（县）高速公路（G319）草尾互通口在镇区西面3千米处打通，规划中的草（尾）共（华）大桥高架跃过镇区西南部。随着沅江市对外交通网络的建设和发展，草尾镇对外通达的条件进一步提高，草尾直接融入益阳一小时、长沙两小时城市经济圈。

规划区内大部分地区长期未得到较好的发展，基础设施不完善。且现有道路凌乱低效，不同等级道路未形成较合理的道路系统，畸形路口偏多，同时应采取措施改善道路基础状况，如拓宽路肩、绿化道路等。规划区域内大部分为绿地和农林用地，尤其是农林用地开发量大，开发建设与生态保护之间的协调难度大。

三、开发策略

根据草尾地区开发现状及相关制约因素，为保证后期建设稳步进行，提出以下五点开发策略：①立足区位优势，充分争取政策上的支持与优惠；②采用开发型的积极保护政策，将城镇开发与环境保护及可持续发展有机融合，保证各开发项目能因地制宜进行建设，从而建造具有特色的个性空间；③注重开发的质量和规模，提升镇区的凝聚力和影响力，真正做到建有所用；④重视区内各配套设施的同步进行，完善新区的各项功能。树立以人为本的理念，构筑合理的城镇框架；⑤在规划设计和管理中严格依照技术规定，使交通设施、道路系统和功能布局在尊重现实和科学的基础上，保证规划管理的科学性和建设的可行性，实现科学规划和科学管理的有效结合。

第二节　规划原则、依据、范围及目标

一、规划原则

根据相关现状，遵循以下6条规划原则：

①加强城镇与环洞庭湖经济区、周边城镇等的整体关系，通过合理的用地布局和交通基础设施网络规划发挥城镇综合功能。

②关注人们持续增长的美好生活需求，为居民创造良好的生活、工作环境。

③合理利用资源，整合土地，体现经济、社会、人口、资源和环境的可持续、协调发展要求。

④通过有效的合理优化土地手段和建立规划控制手段，建设适合于21世纪生活观念和发展方式的新型城镇。

⑤兼顾不同发展阶段，保证发展与实施各阶段相对独立完整性，彼此连续，并使规划有一定的弹性和灵活性。

⑥兼顾城乡与区域统筹，社会、经济、环境协调发展。

二、规划依据

此次城乡统筹控制性详细规划遵循以下规划相关法律法规：

①《中华人民共和国城乡规划法》（2008-01-01）。

②《湖南省实施〈中华人民共和国城乡规划法〉办法》（2010-01-01）。

③《城市、镇控制性详细规划编制审批办法》（2011-01-01）。

④《镇规划标准》（GB 50188—2007）。

⑤《村镇规划编制办法》（2000-02-14）。

⑥《湖南省村镇规划管理暂行办法》（2012）。

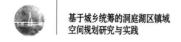

⑦《沅江市总体规划（2010—2030）》。

⑧国家、省、市的其他相关法律、法规等。

三、规划范围和目标

本规划范围包括草尾居委会、胜天村、上码头村、立新村的相关区域，具体范围为北至X008（乐滩线）县道，西抵胜天路，南到大同大道，东到共和街，规划区总面积409.35公顷。

以全面建设小康社会为导向，以城乡统筹发展为重要途径，推进区域协调发展。以增加居民收入、提高居民生活质量为核心，形成以镇带村、以村促镇、相互服务、互为市场的城乡统筹发展框架。建设布局合理、功能齐全、生活舒适、安居乐业的现代城镇和富有湖乡文化特色的新城镇。实施基础设施向农村延伸、社会服务向农村覆盖、城镇生活方式向农村延伸的发展战略。

规划区作为沅江市草尾镇区新的对外窗口，开发质量要严格控制，要体现城镇向上、发展的主题，提高新区的综合实力和凝聚力。在开发结构上延续"一心、三带、三轴、七点"的结构形态，形成联系紧密、有机互补的城镇空间结构。整合自然环境资源，延承自然的水体和绿地，在保护环境的前提下进行有限度的开发，体现"生态城镇"的特征。实现"经济、社会、环境"三大效益的统一。使草尾镇区加强产业结构调整，挖掘产业发展潜力，利用第一产业、第二产业的发展而为第三产业发展提供坚强的后盾；基本形成现代化城镇的基础设施构架，构建对外交通货运以水路为主，镇区客运交通以陆路为主的综合性城区交通体系。提高镇区电话普及率和装机容量，供水普及率100%，垃圾清运率100%。基本形成现代化的城镇格局，形成一个核心，多点的开放式的镇域空间结构。

第三节　新城区定位与规模

一、新城区定位

根据《沅江市草尾镇总体规划（2012—2030）》，沅江市草尾镇区建设发展目标及现代经济发展对城镇建设的基本要求，规划确定草尾镇规划区的性质为：沅江市西北部的交通枢纽，草尾镇的商贸物流中心，以农产品加工业和休闲农庄为主的滨水宜居城镇。

本次新城区控制性详细规划对规划区功能定位为：以生活居住、行政文化、商贸物流三大功能为主的功能区。

二、新城区规模

人口规模：居住人口约4万人。用地规模：总用地面积409.35公顷，其中城镇建设用地397.84公顷。

第四节　用地布局规划

一、新城区建设概况

在新城区内，各用地组成分别为：

现状居住用地（R）全由二类居住用地（R2）组成，面积92.76公顷，占总建设用地的53.46%。

现状公共设施用地（C）面积28.10公顷，占总建设用地的16.20%。其

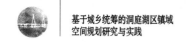

中，行政管理用地（C1）面积5.01公顷，占总建设用地的2.89%；教育机构
用地（C2）面积6.81公顷，占总建设用地的3.93%；文体科技用地（C3）面
积0.23公顷，占总建设用地的0.13%；医疗保健用地（C4）面积1.95公顷，
占总建设用地的1.13%；商业金融用地（C5）面积12.62公顷，占总建设用
地的7.27%；集贸市场用地（C6）为1.47公顷，占总建设用地的0.85%。

现状工业用地（M）面积23.31公顷，占总建设用地的13.44%。其中，
一类工业用地（M1）面积4.68公顷，占总建设用地的2.70%；二类工业用地
（M2）面积10.54公顷，占总建设用地的6.07%；三类工业用地（M3）面积4.99
公顷，占总建设用地的2.88%；农业服务设施用地（M4）面积3.10公顷，占
总建设用地的1.79%。

现状对外交通用地（T）面积0.84公顷，占总建设用地的0.49%。其中，
公路交通用地（T1）面积0.77公顷，占总建设用地的0.44%；其他交通用地
（T2）面积0.08公顷，占总建设用地的0.05%。

现状道路广场用地（S）全由道路用地（S1）组成，面积19.69公顷，占
总建设用地的11.35%。

现状市政公用设施用地（U）面积2.49公顷，占总建设用地的1.43%。
其中，供应设施用地（U1）面积2.33公顷，占总建设用地的1.34%；环保环
卫设施用地（U2）面积0.16公顷，占总建设用地面积的0.09%。

二、用地现存问题

就总体用地现状而言，存在以下几点问题，首先是镇区居住用地分布较
为分散，受其他用地影响的情况较为严重。其次是镇区的公共服务设施配套
不够完善，且分布不均，不便于居民日常使用。最后是道路规划不合理，等
级偏低且断面形式简单，不能满足现阶段和将来的交通需要，同时人车混
杂，路面也存在受损情况。

三、用地布局规划原则

根据规划，用地布局规划遵循以下4个原则：

①整体化原则。建设完善的内外有别的交通网络，有序地进行城镇建设和开发。

②特色化原则。塑造高品位的城镇空间环境，突出本土文化特征，延续城镇文脉。

③以人为本原则。充分考虑人的需要，合理配置各项生活服务设施，营造宜人的社区居住环境。

④可持续发展原则。总体布局应充分结合现状合理布局，因地制宜地协调经济发展和环境保护之间的矛盾，协调近期和远期建设关系，建立新世纪湖乡滨水城镇。

四、用地布局规划

根据用地规划，各类用地面积及占比分别为：

规划居住用地（R）全由二类居住用地（R2）组成，面积99.59公顷，占总建设用地的25.03%。

规划公共设施用地（C）面积82.89公顷，占总建设用地的20.84%。其中，行政管理用地（C1）面积7.61公顷，占总建设用地的1.91%；教育机构用地（C2）面积6.58公顷，占总建设用地的1.65%；文体科技用地（C3）面积11.45公顷，占总建设用地的2.88%；医疗保健用地（C4）面积1.65公顷，占总建设用地的0.42%；商业金融用地（C5）面积25.13公顷，占总建设用地的6.32%；集贸市场用地（C6）为30.47公顷，占总建设用地的7.66%。

规划工业用地（M）面积71.06公顷，占总建设用地的17.86%。其中，一类工业用地（M1）面积35.05公顷，占总建设用地的8.81%；二类工业用地（M2）面积36.01公顷，占总建设用地的9.05%。

规划仓储用地（W）全由普通仓库用地（W1）组成，面积12.48公顷，

占总建设用地的3.14%。

规划对外交通用地（T）面积7.31公顷，占总建设用地的1.83%。其中，公路交通用地（T1）面积5.70公顷，占总建设用地的1.43%；二类工业用地（T2）面积1.61公顷，占总建设用地的0.40%。

规划道路广场用地（S）面积73.22公顷，占总建设用地的18.40%。其中，道路用地（S1）面积66.96公顷，占总建设用地的16.83%；广场用地（S2）面积6.27公顷，占总建设用地的1.57%。

规划市政公用设施用地（U）全由供应设施用地（U1）组成，面积1.39公顷，占总建设用地的0.35%。

规划绿地（G）面积49.90公顷，占总建设用地的12.54%。其中，公共绿地（G1）面积32.83公顷，占总建设用地的8.25%；生产防护绿地（G2）面积17.07公顷，占总建设用地的4.29%。

五、规划用地汇总

规划用地汇总情况见表5-1、表5-2。

表5-1　规划用地汇总

序号	用地性质		用地代号	面积（平方百米）	比例（%）
1		居住用地	R	99.59	25.03
	其中	二类居住用地	R2	99.59	25.03
2		公共设施用地	C	82.89	20.84
	其中	行政管理用地	C1	7.61	1.91
		教育机构用地	C2	6.58	1.65
		文体科技用地	C3	11.45	2.88
		医疗保健用地	C4	1.65	0.42
		商业金融用地	C5	25.13	6.32
		集贸市场用地	C6	30.47	7.66
3		工业用地	M	71.06	17.86
	其中	一类工业用地	M1	35.05	8.81
		二类工业用地	M2	36.01	9.05
4		仓储用地	W	12.48	3.14
	其中	普通仓库用地	W1	12.48	3.14

续表

序号	用地性质		用地代号	面积 （平方百米）	比例（%）
5		对外交通用地	T	7.31	1.83
	其中	公路交通用地	T1	5.70	1.43
		其他交通用地	T2	1.61	0.40
6		道路广场用地	S	73.22	18.40
	其中	道路用地	S1	66.96	16.83
		广场用地	S2	6.27	1.57
7	市政公用设施用地		U	1.39	0.35
	其中	供应设施用地	U1	1.39	0.35
8		绿地	G	49.90	12.54
	其中	公共绿地	G1	32.83	8.25
		生产防护绿地	G2	17.07	4.29
9	总计			397.84	100

表5-2　规划用地汇总

序号	类别名称	面积（平方百米）	占总用地比例（%）
1	城镇总用地	409.35	100
2	城镇建设用地	397.84	97.19
3	水域和其他用地	11.51	2.81
	其中水域	11.51	2.81

第五节　公共服务设施规划

一、新城区公共设施概况

草尾镇镇区现状行政管理用地主要为：草尾镇政府、派出所、建设站、工商所、计生办等。主要呈沿街布置或周边布置，较为分散。现状行政管理用地面积5.01公顷，占镇区总建设用地面积的2.89%。

草尾镇现有中小学校8所，包括完全初中1所，九年一贯制学校3所，中心小学1所，完全小学3所。其中益阳市级合格初中1所，已申报合格学校2所。现状教育机构用地总面积6.81公顷，约占总建设用地面积的3.93%。

草尾镇镇区现状文体科技用地主要为草尾镇综合文化站，缺乏科技、展览等设施。现状文化科技总用地面积0.23公顷，约占总建设用地的0.13%。镇区现状医疗用地主要为沅江市第四人民医院、草尾镇血防站等，基本满足当地居民的需求，现状医疗用地面积1.95公顷，占镇区建设总用地的1.13%。

草尾镇镇区现状商业金融用地主要沿镇主要道路布置，形成了一定的规模，但商企规模普遍偏小，商业形式则以住宅为底层开辟的沿街商业居多，商业网点相对集中，但大部分为百货商店、零售店和小商店。现状商业金融用地面积为12.62公顷，占镇区建设总用地的7.27%。草尾镇现有草尾农贸大市场和草尾工业品大市场两个综合集贸市场，主要服务草尾镇居民。现状集贸市场用地面积为1.47公顷，占镇区建设总用地的0.85%。

二、公共服务设施现存问题

现状公共服务设施主要存在以下三个问题：首先，镇区缺乏科技、展览等主要面向青少年人群的公共服务设施，针对青少年人群的教育服务配套不足；其次，镇区缺乏较规模的商业服务设施，商场规模过小，形式单一，商业网点不健全；最后，镇区现状综合农贸市场卫生、交通状况均需改善，应规范管理，形成自身特色。

三、公共服务设施规划原则

按国家标准配置草尾镇的公共服务设施，以适应今后发展要求，规划建立与城镇等级、规模、形态相协调，结构清晰、布局合理的公共服务设施体系。公共设施根据城镇发展情况、经济实力、循序发展，以达到经济与社会效益的统一。建成多级公建服务系统，使镇中心、居住组团中心形成规模不同，分工各异，层次明确的公建体系。

充分利用草尾镇已有的公共服务基础设施，改造完善其环境质量和服务水平，处理好现状与发展、近期与远期的关系。合理组织公共设施的布局，分散与集中相结合，满足公共设施的职能与协作关系上的协调统一，使公共设施与其他功能有机结合。

四、公共服务设施配套

公共服务设施配套一览详见表5-3。

表5-3　公共服务设施配套一览

序号	类别	项目名称	所在地块
1	行政管理	镇政府	C-03
2		居委会	C-10、D-11
3	教育机构	九年一贯制学校	C-08-01
4		幼儿园	B-05-01、C-06-01、D-10-04
5	文体科技	图书馆	C-04-02、D-07-01
6		影剧院	D-07-01
7		运动场	C-05-02
8	医疗保健	医院	D-10-01
9		门诊部	A-01-02、B-05-01、C-02-03、C-06-02
10		敬老院	D-10-01
11	商业金融	宾馆	C-04-01、D-02-03
12		银行	C-04-01、D-01-03
13	集贸市场	市场	A-01-02、A-02-01、A-04-03、A-05-01、A-05-02、C-01-03
14		肉菜市场	A-05-01、C-06-03
15	工程设施	电信支局	D-02-05
16		邮政支局	D-02-04
17		加油站	A-05-03
18		公共厕所	A-02-02、A-03、A-08-01、B-06-04、B-07、B-13、C-05-01、C-09、D-03、D-10-03、D-12-02
19		垃圾筒	A-02-02、A-03、A-08-01、B-06-04、B-07、B-13、C-05-01、C-09、D-03、D-10-03、D-12-02
20		消防站	D-01-01
21		公交车站	A-04-02
22		长途汽车站	C-01-01
23	道路广场	停车场	A-01-01、A-04-02、A-08-01、B-06-02、C-01-02、C-11-02、D-02-06

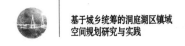
第六节　道路交通规划

一、道路交通现状

草尾新城区现状道路广场用地面积为19.69公顷，占新城区建设总用地的11.35%。现没有广场及社会停车场，城镇道路骨架比较完整，也基本实现硬化，但道路红线过窄，等级偏低，断面形式简单，人车混杂，路面损坏严重，不能满足现阶段和未来的交通需要。

二、道路交通规划原则

根据规划，道路交通应遵循以下原则：根据新城区的发展特点，合理分布路网，保证交通顺畅；明确划分道路功能和等级，增加道路交通设施，重视静态交通设施规划；根据交通需求确定道路断面，避免建设过分超前造成浪费；道路绿化融入城镇绿化系统。

三、道路交通规划目标

完善镇区道路交通网，建立均衡高效的路网系统，适当发展私人机动化交通，加快广场和停车场建设。初步建立现代化交通管理系统，形成主次分明、功能明确、快慢有别、机非人车分流，并符合现代化城镇功能与环境要求的镇区道路系统。

四、路网规划

规划形成"五纵五横"的路网系统，道路等级分为干路、支路两级，干路红线宽度24—18米，支路红线宽度12—15米。

五、静态交通设施规划

静态交通规划主要包括三个方面，即停车场规划、加油站规划和机动车出入口规划，具体情况如下。

（一）停车场规划

规划地面独立占地停车场7处，满足周边文化娱乐、商业等设施的停车需求，分别位于地块编码A-01-01、A-04-02、A-08-01、B-06-02、C-01-02、C-11-02和D-02-06地块内。具体配备情况如表5-4所示。

表5-4　主要建筑类型配建停车位控制指标一览

序号	类别	单位	机动车位
1	普通住宅	车位/户或车位/百平方米建筑面积	0.8—1.0
2	经济适用房、拆迁安置房	车位/户或车位/百平方米建筑面积	0.34
3	廉租房	车位/百平方米建筑面积	0.2
4	行政办公	车位/百平方米建筑面积	0.8
5	博物馆、科技馆、图书馆、展览馆	车位/百平方米建筑面积	1.0
6	文化活动中心	车位/百平方米建筑面积	2.0
7	会议厅、礼堂	车位/百座	7.0
8	电影院	车位/百座	4.0
9	中小型体育场	车位/百座	2.0
10	中学	车位/百学生	1.0
11	小学	车位/百学生	1.0
12	医院、诊疗所	车位/百平方米建筑面积	0.5
13	商场	车位/百平方米建筑面积	1.2
14	农贸市场	车位/百平方米建筑面积	1.0
15	饭店、酒家	车位/百平方米建筑面积	2.0
16	宾馆（招待所）	车位/客房	0.5
17	汽车站	车位/高峰日每千旅客	2.8
18	公园	车位/公顷游览面积	6.0

注：学校、农贸市场、体育场馆、图书馆等特定的公共场所根据需要设定非机动车停车场地。

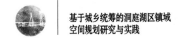

（二）加油站规划

规划结合加油站服务半径要求以及现状的站点位置，在地块编码A-05-03地块内设置1个加油站。

（三）机动车出入口规划

地块机动车出入口距离道路交叉口的距离应满足离干路交叉口（干+干）不得小于30米；支路上不得小于15米，否则只许右进右出。

第七节　绿地系统规划

一、绿地系统规划原则

利用城镇的自然"滨水格局"，确定与城镇用地布局相适应的多级园林绿地结构。充分考虑城镇未来的拓展方向和模式，完善城镇功能组团分隔，建设自然与人工的立体绿化网络，满足城镇对绿地的各种功能要求。处理园林绿地系统"低起点"与"高标准"之间的矛盾，制定切合实际的分期实施目标，提高城镇整体绿化水平和综合生态效应。

从区域发展考虑，以结构合理、功能优化、产出高效、可持续发展为原则，打破城乡界限，强化"经济绿地"概念，依托周边农业的支撑作用，建设城乡一体化的联动绿化网络体系，为城镇的远景发展预留余地。通过园林绿地建设，弘扬地方文化，改良城镇自然景观和人文景观。强化益阳市作为湘中北地区中心的职能，吸引投资、旅游和消费，从而促进城镇经济的繁荣发展。考虑绿地系统点、线、面结合，加强赤磊洪道、塞阳河两岸景观和生态保护，做好各个层次的绿化规划。

二、绿地系统规划目标

保护现有水体绿化和近郊农田，加强滨水绿化建设，建设生态城镇。根据现状自然条件，以集中与分散相结合的方式布置绿地，设置生产防护绿地和方便居民使用的公共绿地。

三、绿地系统规划

其中，中心地带规划公共绿地共11处，分别位于地块编码A–02–02、B–06–04、C–05–01、C–09、D–10–03和D–12–02的地块内。规划在益南高速、纬十路等干路两侧设置防护绿带，根据植物季节性、色彩、造型进行配置，打造因时而异、步移异景的多层次绿化景观。

充分利用现有水系，规划滨水防护绿地，在赤磊洪道设置宽度10米以上的防护绿带，既考虑防护要求，也考虑人们休闲、使用的要求，打造富有活力的滨水岸线。

第八节 城市设计引导

一、城市设计原则

城市设计强调城镇景观规划与城镇总体规划、土地利用规划的关联性与延续性。努力创造可以吸引广大居民的城镇公共活动空间和建筑群体空间。充分利用良好的自然环境条件，把自然景观要素引入城镇，与城镇建设统一考虑，使河、城、田三者交融，促进城镇整体生态环境的保护、协调与发展。创造高品位的现代城镇景观形象，同时保护、发掘、利用历史人文景观遗存，建立独特的城镇特色形象。严格控制近期不具备建设条件的地区。集

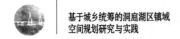

中力量高标准地对将对城镇景观影响最大、改造效果最显著的局部地段进行改造。由易到难，由外向内，重点改造沿河景观带。

二、城市设计规划结构

城市设计规划为"水、城、田"三要素的有机统一。形成"三轴、三带、多节点"的空间结构。其中"三轴"为人民大道主景观轴，车站路、上码头路次景观轴；"三带"为公共绿化带、滨水景观带、步行景观带，依托自然溪流，形成连续的滨水空间；"多节点"为广泛分布于规划区的绿地、广场、地标等景观节点和公共活动空间。

三、城市设计引导

设计人民大道景观轴和滨水景观带。人民大道景观轴：中心段以连续的公共办公建筑为主，体现自然洞庭湖滨水特色，打造特色鲜明、张弛有度的城镇门户地区景观大道。滨水景观带：在赤磊洪道沿线增加公共活动的绿地和一定的游憩服务设施，强化滨水活力空间营造，体现自然环境与人工环境的有效结合。

设计自然景观节点和标志性建筑节点。自然景观节点：依托规划水体，形成多处公园绿地节点，保护生态系统的同时，提供一定的公共活动空间和设施，提升新城区环境品质和活力。标志性建筑节点：结合各种公共功能，设置不同类型的标志性建筑。主要处于人民大道行政中心周边，利用行政商务办公建筑，形成镇区地标，树立镇区和片区形象。

设计视点、视线走廊和天际线。视点：主要视点的选择考虑自然要素和人工建筑制高点，分别为保留的防洪大堤和规划中的镇区地标，二者是观赏镇区景观最主要的地点。视线走廊：结合主要观景视点、新城区重要景观节点及防洪大堤等要素，形成视线走廊。天际线：滨湖地区的天际线应是有起伏变化的，应结合建筑高度和标志性建筑进行控制，使其与自然山水形成刚柔相济、相互对比、此起彼伏的镇区天际线。

第九节　"四线"规划控制

一、红线规划控制

红线指道路红线，即规划的城镇道路路幅的边界线。

红线规划控制要求：干路红线宽度原则上为18—24米，支路红线宽度原则上为12—15米。道路交叉口转弯半径和进出口展宽应依照相关规定执行。

二、蓝线规划控制

蓝线指城镇各类江河、湖泊、湿地保护的规划控制线。

蓝线规划控制要求：依据现状地形或有关规划确定河湖水体的边界，水体保护范围按照退让水体边界不小于5米控制。

三、黄线规划控制

黄线指对城镇发展全局具有影响、城镇规划中确定的必须控制的各类城镇基础设施用地的用地界限或走廊宽度。

黄线规划控制要求：确定各类城镇基础设施的用地位置、规模、用地界线、走廊宽度，控制坐标。35千伏架空电力线路高压走廊宽度15米，其他管线按照相关规范执行。

四、绿线规划控制

绿线指城镇各类绿地范围的控制线。

绿线规划控制要求：确定公共绿地（公园、街头绿地）、生产绿地、防

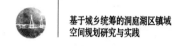

护绿地等的用地界线。

第十节　公用工程设施规划

一、给水工程规划

草尾镇水源为赤磊洪道，其水质符合饮用水的标准，规划以赤磊洪道作为草尾镇的生活用水水源，其地处我国建筑气候分区Ⅲ区，镇区人均综合用水量指标取350升/（人·日），本区人口约4万人。因此，本规划预测草尾镇区用水量为1.4万立方米/日。

草尾镇区目前有自来水厂两个，即草尾镇二水厂、草尾镇三水厂，主要负责镇区生产、生活用水的供应，两厂日供水量分别为0.3万吨和1.5万吨。结合规划道路建设，原则上沿道路东北侧敷设管道，采用环状与支状相结合的方式，对老城区事故频发的管道系统进行改造，降低管网漏损率。主管管径为300—400毫米，支管管径为100—200毫米。

二、排水工程规划

镇区内现状排水体制多为雨污合流制，均为明渠或暗沟，排放方式为分散式直接排入水体。地面雨水皆就近排入雨水管道或各河涌水体，给受纳水体带来严重的污染。现状没有污水处理厂。

新城区规划采用雨、污水分流的排水系统，生活污水必须经规划的污水处理厂集中处理，达标后方可排放。污水量按给水量85%计算，污水处理能力为1.2万立方米/日。本规划范围内不设污水处理厂，本区污水送往草尾镇污水处理厂处理，污水管道原则上沿道路东南侧布置，排入污水管道的综合管廊。污水与工业废水应符合《污水排入城市下水道水质标准》（GJ 3082—1999）要求，否则应对综合生活污水与工业废水进行局部处理，以生态处理为主。

三、电力工程规划

草尾镇镇现状设有35千伏变电站一个，占地约6亩。草尾供电所辖区内现有各类用电客户26638户，其中专变客户83户，10千伏线路8条，总长179.80千米。同时，镇内拥有变压器2台，400伏线路679千米，各类配电282台，其中共变199台，容量为24040千伏安，专变83台，容量为16720千伏安。草尾镇区共变明细详见表5-5。

表5-5　草尾镇区共变部分明细

序号	名称	下火杆号	型号	容量（千伏安）
1	粮站公变	油厂支线5#	S7	80
2	沅江二中公变	化工厂支线4#	S9	160
3	储备库	油厂支线3#	S9	200
4	工贸场	防洪闸支线28#	SJG7	315
5	防洪闸	防洪闸支线33#	S7	250
6	菜场	人民大道支线3#	S9	315
7	运粮路	防洪闸支线4#	SJG7	315
8	腾飞路	主线14#	S9	315
9	托修	拖修分支线2#	S9	100
10	所出线	拖修分支线1#	S9	160
11	化工厂	化工厂支线7#	S9	315
12	建行	防洪闸支线23#	S9	315
13	华天	人民大道支线1#	S9	400
14	立新总表	人民大道支线9#	S9	315
15	二完小	二完小支线2#	S9	315
16	草尾大道	草尾大道分支线5#	S9	315
17	新兴北路	草尾大道分支线5#T1#	S9	315
18	新兴南路	草尾大道分支线4#T电缆下火	S9	315
19	茗毫	草尾大道分支线8#	S11-M	315
	合计			5130

预测到规划末期，规划区内最大供电负荷为5万千瓦。规划保留现有草尾35千伏变电站，容量为5.6兆伏安，本规划区内设置3个开关站，每处用地面积500平方米。规划在新建范围内10千伏电力线采用地埋敷设方式，规划范围内35千伏高压线路沿沟渠绿化带进行改线，保持15米的高压走廊带。

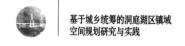

四、通信工程规划

草尾镇镇区设有电信所和邮政所各一处，负责整个草尾镇的电信服务，基本满足镇用户通信的需要（详见表5-6）。

表5-6　电信设施情况

名称	用地面积（亩）	建筑面积（平方米）
草尾电信所	4	1800
草尾邮政所	1.5	1000

本区固定电话32000门，移动电话约32000门。规划在人民大道北侧建设电信局一处，位于D-02-05地块。规划在人民大道北侧，建设邮政局一处，位于D-02-04地块。所有通信管线均采用弱电共沟，所有通信管道（固定电话、有线电视、宽带网、移动通信）均下地暗敷，所有主次干道均设置通信管道并沿道路东、南侧暗敷。

五、燃气工程规划

草尾镇燃气气化率有待提高，现状全为瓶装液化石油气用户，未有管道气。随着城镇建设的不断发展和人民生活水平的提高，使用管道气势在必行，这对于改善大气质量，保护环境具有积极意义。近期镇区气源以液化石油气为主要起源，远期规划天然气作为主要气源，利用沅江天然气气源对镇区进行管道天然气输送。

根据燃气使用现状，结合相关标准天然气管道沿沅漉公路接入，敷设天然气低压一级系统管道，按综合用气指标240立方米/（人·年），天然气用气量为960万立方米。

六、环境卫生工程规划

草尾镇环卫设施还需完善，环卫站现有环卫职工6人，环卫工人13人，环卫车5台（含粪车一台）。镇区共划分九个责任区，总体环境较好，但局部地区脏乱，特别是市场等人流量大的区域。建成与镇区建设发展相适应的、布局上合理、数量上满足需要、功能上实用先进、作业上专业化、技术上先进、效益上高效能的，从垃圾的收集到最终处理以及综合利用各个环节相互衔接、互相配套、连续不断运转的环卫设施体系。

本镇生活垃圾由垃圾中转站收集转运至镇区垃圾焚烧场进行焚烧处理，规划按规范0.6千米服务半径设置垃圾站11个，分别位于A–02–02、A–03、A–08–01、B–06–04、B–07、B–13、C–05–01、C–09、D–03、D–10–03、D–12–02。

沿街摆放垃圾箱，垃圾中转站服务于全镇区，规划在镇区西北面设置一处垃圾中转站。居住用地内的小型垃圾收集、中转站按服务半径不大于200米的要求配置；工业企业应结合自身需求，在厂区内自设垃圾收集点。

公厕按3000人/座标准设置，主要生活性街道公厕间距为300—500米，一般街道公厕间距为800—1000米。规划每处公厕建设面积为60平方米左右，内部应设置残疾人专用蹲位，设置11座公厕，分别位于：A–02–02、A–03、A–08–01、B–06–04、B–07、B–13、C–05–01、C–09、D–03、D–10–03、D–12–02。粪便采用三格式无害化处理方式或进入沼气池。

七、综合防灾工程规划

（一）防洪及排洪规划

草尾镇河湖水域面积较大，整体地势较低，且该地区暴雨频繁，洪涝灾害常有，故防洪设施建设有一定的起色。全镇管理一线防洪大堤26803米，其中南堤20135米，北堤6668米，镇管电排站23处，其中外排机埠4处，机组56台，总装机6160千瓦。

草尾镇设立防洪保护圈，加高培厚原有堤防和增设新堤防。20年一遇洪水堤防采用Ⅱ级，堤宽不小于6米。沿草尾河加固堤防，堤顶高程等于设计水位加超高2米，镇区防洪工程应与草尾河风光带结合。其中草尾镇治涝标

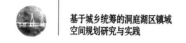

准按10年一遇，最大24小时暴雨24小时排干，加大对本区沟渠的疏通，保障沟渠与外河泵站、机埠的畅通。

（二）消防规划

通过本规划的制定与实施，使城镇的消防建设适应社会发展和经济建设、完善城镇消防基础设施。提高城镇抗御火灾的能力和全民的消防意识，最大限度地减少火灾造成的损失。在此基础上，逐步实现消防队伍和设施向多功能发展，使之成为城镇防火、灭火和紧急处置各种灾害事故、抢险救援的突击队。

在城镇总体规划布局中，将装有易燃易爆物品的工厂、仓库设在城镇边缘的独立安全地区。散发可燃气体、可燃蒸汽和可燃粉尘的工厂和液化石油气储存地应布置在城镇全年最小频率风向的上风方向，保持规定的防火间距。合理确定液化石油气供应站的位置，对现有的汽车加油站采取有效的消防措施，确保安全。加强建筑设计防火审核工作：城镇内新建的各种建筑物，应建造一、二级耐火等级的建筑，严格控制三级建筑，禁止修建四级建筑，以此提高自防自救能力。

城镇中原有的耐火等级低、相互毗连的建筑密集区应纳入城镇改造规划，积极采取防火分隔等措施，逐步改善消防安全条件。在城镇设置集贸市场时，不得影响交通和堵塞消防通道。按照规划，工业项目全部安排在位于镇区北部的工业区，但需注意严禁在该工业区设置甲、乙类生产厂房。

消防与生活供水管网合一供水系统，供水管道逐步向环网发展，以提高消防用水的可靠性。消火栓建设统一采用一种型号；市政消火栓按规范沿道路设置，尽量靠近交叉路口，其保护半径不大于150米，两栓间距不大于120米。

建立119、120、110联动报警系统，达到多功能、多渠道报警、救护要求；消防指挥中心与城市供电、供水、供气、医疗、交通、以及消防重点单位设置消防专线通讯，以保证报警、灭火、救援工作的顺利进行；消防队消防通讯装备的配备，必须成立独立完整系统，完成配备项目。本着"预防为主、防消结合、合理布点"的原则，统一规划消防站、消防用水、消防通道和消防通讯网。

/ 第六章 /

村庄规划：以草尾镇新安村为例

第一节 规划总则

一、规划背景

中国改革发展正处在一个关键时期，一些国家和地区的发展历程表明，在人均国内生产总值突破1000美元之后，经济社会发展就进入了一个关键阶段。随着工业化、城镇化和经济结构调整加速，随着社会组织形式、就业结构、社会结构的变革加快，我国主要面临资源能源紧缺压力加大；城乡发展不平衡、地区发展不平衡、经济社会发展不平衡的矛盾更加突出；人民群众的物质文化需要不断提高并更趋多样化，社会利益关系更趋复杂，社会需求多元化等问题。建设资源节约型、环境友好型的社会主义和谐社会成为构建中国特色社会主义的重要任务。

2011年12月27日，益阳市政府在全市统筹城乡发展工作动员大会上讲话，提出益阳的工作就是要围绕"一二三四"的总体战略部署安排。"一"是一条主线，即"坚持科学发展，奋力后发赶超，建设绿色益阳"，"二"是园区会战和交通会战两大会战，"三"是三个"第一"的原则，即新型工业化为第一抓手、招商引资和项目建设为第一推动力、群众的满意度为第一标准，"四"是四大战略，即工业强市战略、绿色发展战略、开放带动战略、城乡统筹战略。城乡统筹战略是市委在2021年下半年特别是在党代会以后布置推进的一项极为重要的工作。

益阳市第五次党代会报告中明确要求，切实"抓好沅江草尾镇统筹城乡发展试验镇工作"，草尾镇作为全市统筹城乡发展的唯一试验镇，必将迎来新的历史机遇。

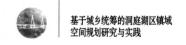

二、规划依据

《中华人民共和国城乡规划法》（2008-01-01）。

《湖南省实施〈中华人民共和国城乡规划法〉办法》（2010-01-01）。

《村庄和集镇规划建设管理条例》（1993-11-01）。

《镇规划标准》（GB 50188—2007）。

《村镇规划编制办法》（2000-02-14）。

《沅江市城乡统筹规划》（2011—2030年）。

《沅江市城市总体规划》（2011—2030年）。

《沅江市草尾镇总体规划》（2012—2030年）。

《沅江市草尾镇城乡统筹规划》（2012—2030年）。

国家、省、市的其他相关法律、法规等。

三、规划原则

通过科学规划、合理布局，做到人与自然的和谐，特别注意水源、水面、基本农田的保护，进一步改善农村生活方式、改善农民居住环境、提高农村生活质量。在村庄规划建设中，在强调政府主导作用的同时，必须自始至终突出农民在规划中的主体地位，发挥农民积极性，不搞大包大揽。增加农民对村庄建设规划的知情权、参与权。广泛征求农民意见，突出反映农民的要求、意愿。

结合该村的经济水平、文化素质等情况，实事求是，逐步实施。规划要有利于农村经济发展和农村产业结构调整，同时体现人性化，通过精心组织，合理布局，使农民的生产、生活更加便利和舒适。村庄建设规划与城乡统筹规划结合起来，"统一规划、集中居住"的农房集中居住建设方针，做好村庄基础设施、公共服务设施、农业生产设施的配套，切实履行重点保护基本农田的原则。

村庄建设规划不能把当地传统的建筑文化丢掉。规划要与当地经济社会发展的要求相适应，充分考虑地形地貌，适当兼顾民风习俗。村庄规划要与草尾镇城乡统筹规划、镇总体规划、沅江市域规划、环洞庭湖地区规划等相关规划在空间布局、基础设施安排、环境保护等方面协调统一。

以全面、协调、可持续的科学发展观统领全局，以土地信托流转为依托，以乐园村农民集中居住试验为契机，按照"生产发展、生活宽裕、乡风文明、村容整洁、管理民主"的要求，坚持城乡统筹、坚持以人为本、坚持人与自然和谐、坚持资源节约，建设特色鲜明、布局合理、设施配套、环境优美的新村庄。

四、规划范围和规划期限

本次村庄规划范围为乐园村全部行政辖区范围，村域土地总面积406.67公顷。

村庄规划期限与草尾镇城乡统筹规划期限保持一致，为2012—2030年。近期：2012—2020年；远期：2021—2030年。

第二节　相关规划解读及案例借鉴

一、《沅江市草尾镇总体规划（2012—2030）》

（一）发展目标、发展战略和产业布局

根据草尾镇总体规划，其发展目标为在规划期末，建成以土地信托流转为抓手，以高效农业为基础，花卉苗木和水产养殖为补充、以商贸物流为主导，生态环境良好，经济社会协调发展的农村改革重点试验小城镇。

根据草尾镇现状，可制定如下战略，以促进草尾镇后期发展，分别为：优势资源转换，"优一强三"战略；区域城乡统筹，设施共享战略；完善服务功能，促进城镇化进程战略。

其中，草尾镇产业布局结构为"六区"。即高产水稻种植区、水产养殖

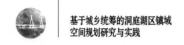
区、休闲娱乐接待区、居民集中居住区、蔬菜种植区、花卉苗圃区。

（二）镇村产业体系规划

草尾镇镇村和产业体系规划，详见表6-1。

表6-1　草尾镇镇村产业体系规划

序号	等级	数量	名称	职能及产业
1	中心镇	1	草尾镇区	第二、三产业
2	农村中心社区	1	新民中心社区	第一产业
		2	光明中心社区	第一产业
		3	三星中心社区	第一产业
		4	大同闸中心社区	第一、三产业
		5	人和中心社区	第一产业
		6	乐华中心社区	第一、三产业
		7	新安中心社区	第一、三产业
3	基层村	17	其他行政村	第一产业

（三）草尾镇总规对新安村规划的指导与要求

全面调整农业生产结构，推进农业规模化、产业化、社会化生产。健全农业技术推广体系，提高土地产出效益。重点推广一批优质高产、节本增效的农业技术和优良品种，全面提高高产水稻区的农民收入，增强农业综合能力和竞争力。

在严格保护基本农田的基础上，利用水资源和农业资源优势，发展水产养殖等产业。通过农业的发展，带动其他产业发展，促进农村剩余劳动力的转移，解决农民就业问题。

新安村在镇村体系规划中的产业发展为主要发展第一、第三产业。在镇产业结构规划中，新安村被划为在高效农业片区、花卉苗木带内，所以农业产业区、花卉苗木也为新安村的产业发展方向。新安村被确定为草尾镇的农村中心社区之一，其农村中心社区建设要求为：逐步形成布局整齐、道路规范、设施齐全、环境优美的生态文明社区，以接纳周边行政村人口的梯度转移；农村中心社区为乡村旅游预留旅游发展用地，开展现代农庄。

二、《沅江市草尾镇城乡统筹规划（2012—2030）》

（一）总体发展目标

益阳市城乡统筹的试验区，土地信托流转的先导区；农民集中居住示范区；竞争力的现代农业基地；繁荣的商贸物流基地。为实现目标，草尾镇要成为益阳以创新实现科学发展的城乡统筹示范区，至规划期末，草尾镇将实现城乡品质均优、功能互补、设施一体，整体高水平、可持续发展。

（二）城乡统筹的聚落体系

构建"布局集约、分工明确、品质均优、城乡一体"的两级聚落体系，即"中心镇区—农村中心社区"两级聚落体系。

（三）城乡空间统筹布局规划

以城乡空间统筹为目标，寻求城乡空间功能的互补协作，实现草尾镇由"城镇扩张"到"城乡统筹"的转变。遵循生态优先、安全优先、农村公交导向、土地集约等规划理念，构建以创新实现科学发展的城乡统筹示范区，实现城乡品质均优、功能互补、设施一体，整体高水平、可持续发展的益阳市城乡统筹的试验区。

城乡建设空间布局可以划分为新中心镇区以及农村中心社区，其中：

新中心镇区：新中心镇区指品质达到了现代城镇水准、承担城镇产业和居住功能突出的小城镇，主要是草尾镇中心镇区。新中心镇区有相当比例的通勤就业人口；有相当比例服务城镇型产业，集聚居住人口规模一般在1.5万至5万之间；农业服务职能是新中心镇区一个比重较小但很重要的职能。

农村中心社区：规划形成了7个集中的农村中心社区，包括2号农村中心社区、3号农村中心社区、4号农村中心社区、5号农村中心社区、6号农村中心社区、7号农村中心社区、8号农村中心社区。农村中心社区应结合自身特色进行功能整合，集约建设，适当保留传统耕作模式；丰富当地人文内涵，适度进行现代农庄休闲旅游开发，依托休闲旅游功能为原村民提供兼业

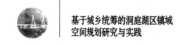

途径；按照城乡统筹一体化进行公共设施和基础设施布局，保护村庄的村容村貌。

草尾镇域的规划结构为"一心一轴三片七点"。"一心"即以草尾中心镇区为核心的镇域功能结构中心，主要以第二、第三产业为主导；"一轴"即以沅澧公路为轴线，形成全镇的高效农业产业带，主要发展苗木花卉、水果、蔬菜种植等；"三片"即草尾镇域的北部高效农业区、中部高效农业区、南部高效农业区，主要发展高效水稻种植、蔬菜种植等；"七点"即2号、3号、4号、5号、6号、7号、8号集中居民点为核心的7个农村中心社区。

（四）城乡产业发展规划

草尾镇产业发展以商贸物流为主体的第三产业结构，重点发展以现代物流业、批发零售、房地产业为主的生产性服务业，提升现代农庄层次，全面提升现代服务业的支撑水平；加大土地信托流转力度，积极推行农业现代化、产业化，加快有机、规模、观光农业的发展，利用龙头企业推动农业结构调整，打造知名农业品牌，促进传统农业向现代型农业转化。

结合外部环境与自身潜力，草尾镇力争实现"四个基地"的产业定位，即农村土地信托流转的示范基地，沅江北部的商贸物流基地，洞庭湖平原有机农业、规模农业基地，环洞庭湖生态经济区现代农庄休闲旅游基地。

草尾镇的三产具体情况分别为：

第一产业：结合现代农业对基本农田的整理和集中发展，高标准建设农产品规模基地，加快促进现代农业园的发展，发挥品牌带动作用。优质稻米生产基地6万亩。重点建设乐华、常乐、和平、幸福、人和、人益、大同闸、大福、双东、东红、新乐、新民、民主、三码头、东风、光明村等无公害水稻生产基地。双低油菜生产基地4万亩。在已确定的绿色大米生产基地范围内，采取稻—油轮作方式重点建设"双低"绿色油菜生产基地。

专业化蔬菜（大蒜、韭菜等）生产基地4万亩，复种面积12万亩。重点建设乐元、上码头、立新、四民、保安垸、新安、光明、三星、大同闸村等基地。水果生产基地1万亩。重点建设民主、立新、四民、保安垸、新安、光明、三星村。无公害特种水产养殖基地3万亩。重点建设星火渔场、创业渔场、七一渔场等基地。苗木花卉基地1万亩。重点建设乐元、上码头、立新、四民、保安垸、新安、光明、三星村部分基地。

第二产业：结合草尾镇总规的调整思路，加强工业用地的优化调整和集中布局，以农产品加工为主体的工业全部向中心镇区工业园转移，整合各类分散的工业布局资源，形成高产业集聚效应，提高土地利用效率，保障城镇发展空间。中心镇区的具体布局包括有机农产品深加工、食品工业等。

第三产业：包括商贸服务业空间、现代物流园、现代农庄休闲旅游产业空间；商贸服务业空间包括中心镇区和各农村中心社区，大型批发零售商业主要集中在中心镇区。现代物流园重点支持绿色有机农产品运输，提供加工、保鲜、分拣、冷藏、包装和交易、配送的综合流通服务，着眼于环洞庭湖生态经济区旅游业的长远发展，综合草尾镇的自身特点、交通条件、旅游发展条件和趋势进行分析，规划形成以现代农庄带动休闲旅游发展的目标。

三、案例借鉴

（一）案例一：金坛市西港镇沙湖村建设整治规划

1. 现状概况

沙湖行政村村域面积为4.67平方千米，人口1862人，共902户，村域地势平坦，村内面多，具有明显的江南水网地貌特征。现有少量工业，村经济主要依靠农业、水产与苗木。村庄建筑群落紧凑自由，但不适应现代居住功能的要求。村内农宅多为20世纪八九十年代建造而成，建筑质量较好，村民住宅均为独立式住宅或联排住宅，单层坡顶、户有门楼的建筑为地方特色。在家务农的多为中老年人，社会结构空心化，公共设施与社区活动场所缺乏。

2. 规划思路

沙湖村是金坛市经济较弱的村，其整治建设的可行性取决于启动经费与实施项目花费的多少。因此，规划在目标上瞄准未来新农村的发展需要，在

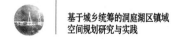
制订总体规划的基础上，立足于现实整治建设上的经济可能性，按村庄发展中项目的重要性和村民需求的迫切性进行分类，建立菜单式、可选择的顺利实施方案，以求在不同的初始投入条件下，都能保证建设整治规划实施，保证工作顺利推进。

江南水网地区最重要的特色体现在"水"上。沙湖村是一个典型的具有江南水网地域特色的村庄，保持原有的地域环境特色，是社会主义新农村发展需求的重要组成部分。因此，恢复水系活力，保持水网村落的环境特色，就是保持村庄发展的生命力。

农村分散式村落发展方式，带来基础设施配套困难、农村经济活力缺乏、农村集体意识淡化、教育卫生环境很难得到改善等众多发展问题。遵循经济社会发展规律，自然村集聚式发展，是新农村建设的必由之路。规划立足于老村整治与新村发展协同，引导农民向新村集聚，提高村庄规模，在整体提高沙湖村环境质量与村民生活水平的同时，提升村庄经济社会效益，促进地方的可持续发展。

3. 主要规划内容

现状沙湖自然村农民住宅占地近4.66公顷，150户，330人。规划将新建区设在沙湖村东侧，将原有村庄与新建居住区整合为一个完整的村落形态。新建区规划设置182户，其中2／3为联排院落式住宅，1／3为公寓式住宅。村公共活动与村委会设在新区中心位置，与河道相临。新建区西侧为近期环境整治区，东侧沿河的小自然村落为限制发展区，建筑只拆不建，有建设需求的一律在新建区中安排。

沙湖村道路规划分为主路与次路，其中主路宽为5.5米，基本满足地方机动交通的发展需求；次级道路2.5—3.5米，能够满足机动车通行的基本要求。沙湖主路系统呈"田"字形态，次路依据新、老村落建筑群组织，其中老村中的次路建设，必须满足老村车行道的基本要求。村中新建住宅按每户1个停车位考虑，联排院落式住宅安排在建筑单元内，公寓式住宅规划在建筑底层北侧。整个村内不设集中式公共停车场，只在规划公共服务中心与街巷主要空间结点处，设置宽敞空间，作为村内机动车临时停放处。

老村环境整治包含道路与市政、开放空间环境、现状建筑整治三项内容。道路与市政：将原有村落中农民住宅按其空间与相邻关系，组合成不同的小住宅组团，在建筑群之间建设能够满足机动车通行的硬质街巷网络。开放空间与环境：在原村庄密集住宅群中，拆除少量质量差的建筑，结合住宅群落中的相对宽敞处，建设供农民交流与休闲的室外开放空间场所。现状建筑整治按保留、整治与拆除三种类型处置。

恢复沙湖村南部的小塘河水系，将分隔的水塘连接起来，与村域外部的河流沟通，形成具有良好生态效应的活水系统。沿小塘河水系两侧，适当种植香樟、水杉、柳树等乔木，恢复江南水网地带村落的原有特色风貌。

公共建筑方面，规划在村中心地区设公共服务中心，内设村委办公、会议室、卫生室、活动室、便利店、农具店等，共计建筑面积1000平方米。住宅建筑上，设计为联排式与公寓式住宅两种单元模式。其中联排式建筑为村庄新建住宅主体，规划占新建居住单元数的70%，每户住宅规划用地面积180平方米，其中建筑面积180—190平方米，为村民生活居住的主体空间；院落空间65—85平方米，为村民农具贮藏、饲养、农用车停放与花果种植的辅助庭院空间；公寓式住宅为4层住宅楼，占新增居住单元数的30%。住宅单元建筑面积72—130平方米，沿小塘河中心两侧布置，构成村庄整体建筑群落的制高点，丰富村庄景观。

建筑群落方面，新建住宅区建筑群落力求延续水网地带的农村传统建筑群落特征，按农民居住单元、小组群院落与街巷群落式组织，所有新建用地单元被划定在特定的地块中，单元出入口设在住宅建设基地的南侧或东、西侧面。

排水体制近期为雨污合流制，远期逐步改为截流式合流制或雨污分流制，污水通过管道入地埋式污水处理设施处理，雨水沿地表径流或排水沟排入附近水体。在村公共服务中心附近设置邮政服务网点。通信线缆采用架空方式，将有线电视线路和通信线路同杆设置。依据沙湖村的实际需求，建设项目分为近期（一期）与远期（二期）实施完成。其中，近期建设的重点建设项目为村庄路网、排水管道与卫生设施、老村环境整治、村庄水系与绿化建设。

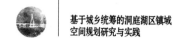

（二）案例二：沛县龙固镇赵湾村建设整治规划

沛县龙固镇赵湾村是采煤塌陷搬迁安置村。赵湾村旧址建筑形式为苏北地区的三间瓦房加小院的模式，户均占地面积较大，达到200平方米；对山墙旁的空间利用率较高，是村民休憩、交流的场所。赵湾村经济水平不高，居民主要靠土地生活，人口668人，老龄化严重，40—60岁人口占到总人口的一半以上。依据沛县龙固镇镇村布局规划，赵湾村新址位于龙固镇镇区北侧1千米处，现状基本为农田，规划总用地约6.2公顷。

当地因地制宜，结合村民生活方式和生产方式，创造不同的生活空间；注重规划的可实施性，减少农民矛盾；延续村民的民风民俗，对有当地特点的村庄生活形态予以传承；提倡发展节约型能源，建设节约型新农村。

地块主要出入口设在西南侧村庄道路，呈内环形，村庄道路6米，入口处设置农机车辆的统一停放区。根据传统村庄布局的形式，结合赵湾村新址现状西南角的杨树林设置新村人口设置村委会、卫生室（计生站）、文化站、老年活动中心、公厕等公共设施。根据当地村民的生活习惯，结合建筑的组织，做好绿化规划，丰富居住环境的景观。村庄内部不做集中绿地，在建筑山墙与道路之间规划块状绿地径在30—50米，并布置健身设施，适当增加树木的数量。

小面宽、小进深的户型设计，有效实现了现代农村住宅建设要求节地的发展目标，同时照顾了居民原有的居住习惯。引入太阳能整体设计，使太阳能热水器的利用和建筑外形统一，达到实用美观的效果；简洁明快的现代建筑造型语言融合传统民居的地方特色，建筑采用坡屋顶形式，规划建筑为2层。采用三种户型，根据村民的生活习惯，采用三间两层或两间两层的形式，色彩上采用白墙红瓦与青砖黛瓦相结合的色彩形式，在视觉上构筑丰富的建筑景观。

村庄生活用水规划环状给水干管，排水采用雨污分流制。生活污水集中收集排入村西南的地埋式污水处理设施，尾水排入姚河支流，雨水排入村南的姚河支流。

以罐装液化石油气为主要民用能源。规划设垃圾收集点2座。

（三）案例三：启东市和合镇建丰村建设整治规划

建丰村属于棉垦地区的典型风貌，现状肌理极其分明，历史上由于农业的需要，形成了前田后屋、人工排水河沟纵横密布的特色格局。现状农居布局有着鲜明的地域特征，即以小型道路或干渠为依托，一字式或非字式排开。随着当地经济的发展、产业结构的变化和交通条件的改善，这种布局方式已经不能适应当前的生产、生活需要。

规划思路遵循原生态村庄的理念。尊重当地村庄布局传统特征，采取串列组团式布局模式，成为一字式、非字式加厚加宽的形式，形成组团，组团间结合水系设置生态廊道。建立合理的社区生态结构，提高交通、绿化水平，强调水与绿的运用，形成社区开放空间，追求"云绕青松水绕阶"的意境。

遵循新建与整治并重的理念。保留质量较好或具有保护价值的住宅，改造不协调的建筑外观，拆除部分破旧建筑。同时对村庄河道、道路进行整治，使整个居住区和谐统一。贯彻以人为本、可持续发展的理念。注重保护和利用自然资源，尤其是要将基地内现有的自然肌理和主要水道，建筑设计和景观设计统一协调，以体现自然景观对人文精神的影响，形成水、绿、居浑然一体的效果，达到建设"黄发垂髫，并怡然自乐"的和谐社区目标。

设计方案的主要结构可概括为"11239"，即1个公共服务中心、1个公建配套带，2横3纵滨水绿化景观带、9个居住组团。结合绿地建设1个公共服务中心，包括"一厅、七室、三中心"。"一厅"为百姓议事厅，"七室"为村务办公室、综合会议室、治安调解室、科普阅览室、医疗计生室、党员活动室和老年活动室，"三中心"为农民培训中心、文化活动中心和体育活动中心。1个公建配套带沿村级公路布置，主要有日用杂品商店、小饭店等。2横3纵滨水绿化景观带，结合现状水系的疏浚而设置。9个居住组团以道路及水系分隔为相对独立并适应分期逐步实施的居住区域，加强居民的领域感与认同感，同时提高居住建筑的可识别性。组团内住宅布局以相对平齐的院落方式进行组织，尊重当地生活习惯，而组团间通过道路、水系、绿化等间隔后形成一定的前后错落，以丰富住区的空间层次。

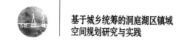
主要道路之间形成环通以利于车辆通行，宽度为5—7米。住宅入户道路为主要道路伸出的尽端式道路，宽度为3.5—5米，停车主要靠住宅底层及路边停放解决。村庄步行系统主要结合"二横三纵"的滨水绿化带，与方格网式的道路系统形成错位穿插，丰富了空间层次与景观面貌，并实现了人车分流的目的。在绿化景观设计上采用的是向公众开放的中心绿地与相对私密的组团绿地两级结构。水系的设计在保持原有风貌的前提下，对部分水渠进行梳理，使之连续贯通，构成景观环境和绿化通廊的主要元素。因地制宜选择适合在当地盐碱土质生长、能快速形成景观的树种，同时注重对现有树木的利用，节约投资，主要选择榉树、香樟、松柏、冬青等常见树种。规划村庄内部用DNL50管形成给水环网，以提高供水的安全可靠性。排水体制采用雨污分流制，村庄内污水为生活污水，由污水管排入北侧污水处理设施，雨水通过雨水管网排入南侧河道。

建筑单体的设计采用苏中地区传统的坡顶、退台形式，同时又有所创新。根据宅基地标准设计大、中、小多种套型，住宅层数为2—3层，底层设置车库，前后院落用低矮栅栏分隔。现状住宅沿中心路两侧布置，规划对建筑质量差、外观不协调、影响总体布局的住宅进行整治，包括立面改造和拆除。同时结合村内目前正在实施的河道清淤，对规划范围内河道进行整治。村庄整治还包括绿化整治，保留村庄东侧现有树木，同时在一期范围内进行绿化建设。

第三节　新安村基本概况

一、区位条件及人文现状

新安村位于沅江市北部，属于典型的洞庭湖的农业村，气候温和、光热充足、年平均日照时数为1756.8小时，日照百分率为41%，太阳总辐射108.95大卡/厘米，雨量充沛，年均雨量为132毫米，无霜期为276天，水资源丰富，土质肥沃。新安村位于草尾镇东南部，与阳罗洲镇、东红村、三码头村、四民村、新民村毗邻，县道沅漉公路从村南部经过，东邻老熙和集镇，距沅江市约45千米，距益阳市约80千米，交通便利。

新安村自然资源丰富，大致可分为三个类别，分别为土地资源、水资源、农业资源。其中，土地资源具体情况详见表6-2。水资源方面，新安村位于星火渔场北面，水域资源丰富，四条东西向支渠贯穿整个村庄，水塘、沟渠网络发达。农业资源方面，村内以农业为主，大力发展种植业，主要种植水稻、棉花、蔬菜、油菜等，并发展水产养殖。

表6-2　新安村现状土地利用统计

序号	类别名称	面积（公顷）	占总用地百分比（%）
1	村庄建设用地	25.3	5.08
2	道路用地	8.56	1.72
3	水域	82.65	16.61
4	基本农田	381.3	76.58
	规划总用地	497.54	100.00

新安村村内现有村民667户，由23个村民小组组成，总人口2463人。规划总用地面积497.54公顷，其中基本农田面积381.3公顷。经济总收入2336万多元，农民纯收入8374元，群众经济收入和生活水平逐渐提高。大部分村民以种植水稻为主要经济来源，农业以种植水稻和反季节蔬菜为主，主要农产品为水稻、棉花、蔬菜、活鱼、生猪等。

新安村交通条件良好，其中对外交通主要为沅漉公路。该公路从新安村的南部经过，往西方向通往草尾镇区，往东方向通往阳罗镇、南大膳镇，可进一步促进交通运输发展；新安村内道路质量较好，行政村与村组之间和对外联系主要依靠村级主路，宽度为4.5米左右，为水泥路面，但是在村庄内部，部分道路为沙石路，不利于消防和车辆出入。

二、基础设施和公共服务设施现状

（一）基础设施现状

目前村民的饮用水非集中供水，无自来水管道铺设，村民的饮用水多为

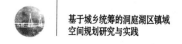
自压井取水。村民的生活废水、污水就地倾倒，主要排入低洼处与坑塘内，无排水系统和污水处理设施。新安村供电电源来自草尾镇35千伏电源。固话装机门数普及率低，以移动电话居多，普及率达到95%。村内无垃圾处理设施，生活垃圾主要随地堆放或填埋，稻杆焚烧、环境卫生条件有待整治。

（二）公共服务设施现状

新安村村委会办公设施位于沅澧公路北侧，设在原挂角小学内。村内有一所不完整小学——新安小学，占地面积约0.67公顷，现已荒废。全村有小商店多处，规模较小，为个体经营，主要为日用品及副食销售。全村的文化娱乐设施不完善，仅有农村书屋一处，不能很好的满足全部村民的文化娱乐生活需求。

（三）村民居住概况

1. 村民家庭居住人口情况

新安村家庭人口数以3—5人为主，占全部被调查家庭的73%，其次由于子女分家等原因，家庭人口数为2人的大部分为老人，占到了全部家庭的10%，其余家庭占到不到17%。

家庭没有60岁及以上老人的家庭占了大约一半，这可能与大部分家庭子女分家等原因有关；而对家庭人口中在外打工人口数的调查中可以发现，70%的家庭至少有一名在外打工人口；结合现场的结果分析，新安村常住人口中，空巢老人和留守儿童占了很大比重，一些老人的生活条件比较艰苦。

2. 村民家庭年收入

收入在2万元以下的家庭占59%，而从居住人口数据可知，大部分家庭的人口数为3—5人，全村以中低收入家庭为主，生活并不宽裕；结合家庭收入主要来源的问卷分析，74.7%的村民主要收入来源为土地耕作，收入来源比较单一。村民迫切希望改变这种现状。政府应加强农业基础设施建设、加大农业投入、发展乡镇企业、使村民能就近就业，增加农民收入。

3. 村庄居住建筑状况

新安村入户调查显示，新安村现有居住宅基地约104446平方米，而入户调查统计中，现有无人居住宅基地约17328平方米，占总宅基地的比例为16.6%。

4. 村庄居住建筑的层数

新安村入户调查显示，新安村现有居住建筑中，一层建筑的宅基地面积约85983平方米，二层建筑的宅基地面积约15098平方米，一层建筑占总建筑的比例高达85.1%，二层建筑占总建筑的比例仅为14.9%。

（四）村庄风貌建设

村庄庭院与村道的绿化环境较好，各家庭院皆有一定程度的美化，村道两侧有部分树木与绿篱，道路路面整洁。村道两旁建筑立面表现不协调，大部分墙体、屋面破旧。不同年代修建的住宅参差分布，材料、风格和新旧程度都存在着较大的差异，所表现的整体立面则是不协调与突兀。

新安村的民居主要为20世纪80年代至20世纪末修建的建筑，公共活动设施则为近年新修建建筑。20世纪修建的村民住宅皆为传统的坡屋顶瓦房，近些年的新建建筑大多为钢筋混凝土结构的平顶房，外部用瓷砖装饰。整体上风格杂乱多样，不能很好的体现地域特色。早年修建的村民住宅经过多年的居住与使用已破旧，有的无人居住已年久失修，成为危房。而近年修建的建筑质量相对较好，外观较新，但整体风貌不协调，新旧差异较大。从新安村入户调查显示，新安村现有居住中，一类建筑质量的宅基地面积约8834平方米，二类建筑质量的宅基地面积约14021平方米，三类建筑质量的宅基地面积约77973平方米，一类建筑占总建筑的比例仅为8.7%，三类建筑占总建筑的比例高达77.33%。不同年代修建的建筑墙面所采用的材质也存在较大差异。早年的建筑墙面多为红砖，基本无外墙装饰，近年的建筑墙面多为水泥与瓷砖，外观差异较大，视觉上冲击感较强。由于墙面所用的材质本身存在较大的差异，墙面的色彩会呈现颜色凌乱也没有秩序感的感觉。

（五）村民调查问卷内容及分析

问卷围绕村庄规划村民支持态度、社会保障、土地集约经营、集中居住、基础设施建设、公共服务等6个方面设计了20道题目，其中包括19道

117

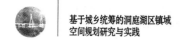

客观题和1道主观题。

1. 村民对耕地集中经营与流转土地承包经营权认识

根据问卷调查结果图表分析可知：流转土地承包经营权和耕地集中经营有待大力发展，农民对土地流转集中经营所带来的高收益充满期待。绝大多数村民支持土地流转进行集中经营，积极性很高。有66.3%的村民认为集中经营的效果好于农户单独经营。有67.6%的村民支持土地承包经营权。村民认为当前的土地流转还存在一些问题。问卷发现存在的主要问题是缺乏规范性的规定、农民利益受损、纠纷增多等。这些问题的存在很大程度上制约了大规模的土地流转的实现。

2. 村民是否愿意到规划的集中居住区去居住

集中居住的意愿很明显。调查发现，对到规划的集中居住区去居住表示愿意和无所谓态度的占92.7%，只有7.3%的农民不愿意。这说明，只要做好集中居住区规划，配套好集中居住区的基础设施和基本公共服务体系，提供便捷的生产、生活环境，绝大部分村民愿意在集中居住区居住。

3. 按规划自建房屋还是想统一规划统一建设

村民对集中居住区模式的偏好上，绝大多数村民认为居住区应统一规划统一建设，只有12%的村民支持按规划自建。

4. 居住区房屋居住的模式和住房的建筑面积

如果愿意到集中居住区去居住，大部分村民选择的居住模式是单元公寓式，占63%；100—150平方米的户型很受欢迎，68%的村民选择了此户型。村民在集中居住区最渴望获得优美的居住环境、方便的生活条件、安全感强。此调查可以引导居住区的建设。

5. 交通出行工具

目前村民家庭主要的交通工具为摩托车、自行车，而在将来村民出行最理想的交通出行方式为私家车和摩托车。

6. 生活能源

柴火和煤炭是村民家庭做饭和取暖的主要燃料，液化气成为了做饭的主要燃料之一。村民家庭生活所需能源，在问卷所列的柴火、煤球、电、液化气、太阳能、沼气6个选项中，回答液化气的比例最高。电在生活所需能源中已经被作为主要燃料，33.2%的被调查农村家庭使用电为主要能源；粗放型的燃料依然存在，仍有一部分家庭以柴火作为主要的生活能源。

7. 意见建议

通过以上综合分析，我们欣喜地看到，全村统筹城乡发展改革工作得到了广大农民群众的拥护和支持，群众对各项政策措施提出了宝贵意见和建议，为我们下一步政策的制定和完善提供了依据，同时也坚定了我们开展此项改革工作的信心。为更好地推进统筹城乡发展改革，建议当前要加强以下四个方面的工作：

第一，尽快建立城乡居民统一的社会保障体系，逐步提高农村居民的社会保障水平。按照国际标准，我国已经进入老龄化社会，据预测，2030年以后，我国将进入老龄化高峰时期。农村养儿防老的功能在退化，负担非常沉重。因此，建议尽快打通农村居民养老保险、低保与城市居民养老保险、低保政策的连接通道，做到制度上的接轨，可以借鉴成都、嘉兴等外地的成功做法，根据相关法律法规，逐步使农民享受与城市居民同等的基本社会保障。

第二，进一步完善土地流转政策，规范土地流转的程序，切实保障农民合法土地权益。推进土地流转促进规模经营是统筹城乡发展、建设社会主义新农村的客观要求，是农村经济发展、农村劳动力转移的必然结果，是改革"一家一户"小规模分散经营、推进农业现代化的必由之路。建议大力推进土地流转，完善土地承包和流转纠纷仲裁机制，为土地流转打好基础；探索和完善多种形式的土地流转方式；制定财政激励政策，规范相关程序，减少矛盾和纠纷，确保土地流转规范有序；加强集体土地收入的管理，确保农民成为土地流转收益的主要获得者。

第三，加大财政投入力度，统筹城乡公共服务和基础设施建设。尽量整合涉农资金，推行投入集约化，重点支持生态环境建设、农村基础设施建设、教育医疗卫生等硬件设施建设，探索建立村级公共服务站（中心）。同时，通过实行土地集约经营，对外招商引资，多途径促使资金下乡。

第四，加大宣传引导力度，让统筹城乡发展改革这一惠民、富民举措深入人心，使农民主动参与进来。

第四节　新安村发展规划

一、村庄发展思路

（一）发展目标和总体思路

要在维护乡村生态环境完好的前提下，综合新安村资源、区位等各类优势资源，合理确定村庄模式和产业发展方向，通过土地信托流转和农民集中居住，带动农业规模现代化、产业化，促进新农村全面发展，将新安村建设成为生态优美、经济发展、特色项目鲜明的乡村生态示范基地。

通过对新安村的现状分析和对村庄规划的研究，规划充分考虑新安村的基础资源现状、区域特色、文化背景、风俗习惯和经济发展的差异，突出地域特色，在具有差异性的地域规划不同类型的村庄产业，在环境设计中充分体现地域特色。在生态环境日益恶化的情况下，以资源节约型、环境友好型为目标，对新安村进行生态建设，促进新安村增长方式的转型，形成可持续发展的方式。生态化建设的基本内容包括生态硬件建设和生态软件建设两大部分，这两部分是生态化建设中不可或缺的重要组成部分，其中，生态硬件建设主要指生态工程、生态设施、生态交通、生态住宅等有形的基础设施和自然生态环境等方面的建设；生态软件建设主要指生态教育、生态行为、生态消费、生态服务、生态管理、生态文化、生态形象等对新安村文化、形象和管理等方面的建设，两者相互作用、相互促进、协调发展。生态化策略将在具体各项规划中落实。

目前，新安村产业发展方面，其发展模式从协调机制上看，采取的是单一的初级阶段发展模式，主要依靠争取政府资金和土地流转投资，村民利益并没有得到保障，村民增收渠道并不畅通，也无法适应新安村新的发展目标与要求，也适应不了现阶段的发展水平。因此，向混合发展型的模式转变是必然趋势，把政府的干预机制和市场调节机制结合起来，依托产业调整、集中居住、土地信托流转带动、指导新安村的发展，才能真正促进社会效益和经济效益的高度统一。

（二）具体措施

1. 发展现代农庄、培育特色产品

一是加速土地信托流转，促进规模经营。引导土地、资金等生产要素合理集中，促进种植业区域化和规模化。二是建设精品现代农庄。在八支渠沿线建设现代精品示范农庄，打造乡村生态旅游的体验休闲品牌，可发展农家乐旅游产品。三是结合新安的政策优势和目前土地信托流转资源优势，同时大力发展生态农业，打造观光果园、花卉苗圃和现代集中种植观光的休闲品牌。

2. 组建联合公司、保障农民增收

引导农户通过土地、产品、资金等形式入股组建村属公司，推行"公司+产业+农户"的运行模式，实行资产联合，公司运作，提高服务质量和品质，增进效益，实现产业发展和农民富裕，为新安村建设奠定较好的产业和经济基础。

3. 重视教育培训、加强社会保障

新安村规划建设的主体是农民，要建设好新安新村庄，必须培养具有较高素质和创新能力的新型农民。一是加大对农民的教育培训力度，通过各种行之有效的方式和手段，提高村民的文化素质和产业技能。二是提高农民组织化程度，规范合作组织的营运和运作，提高产业抗市场风险能力。三是倡导文明新风。广泛开展各种健康向上的文化活动，丰富农村文化生活，增强村集体凝聚力，培育新安淳朴文明民风。四是健全社会保障制度，加强社会发展，在规划末期做到新安村新型农村合作医疗参合率达到100%，养老保险、最低生活保障落实率100%。全村适龄儿童入学率达到100%，初中适龄少年入学率达到100%。普及高中阶段教育，力争达到80%以上。

4. 改善人居环境、建设示范村庄

实行"三清三拆"，即清垃圾、清杂物、清杂草，拆旧、拆违、拆危，目标是村容整洁，卫生、交通畅通，无违章建筑，水泥路到宅前，居民房前

屋后无生活垃圾，厕所全部为水冲式。

二、产业发展规划

（一）产业定位

新安村产业类型定位是以规模化的种植业和水产养殖业为主导，花卉苗圃为补充的产业基地，现代精品农庄为特色的休闲观光。

其中产业发展定位可分为种植业发展定位、养殖业发展定位两个部分。

种植业发展定位：坚持以效益为中心、以市场为导向、资源合理利用、可持续发展的原则，积极引导农民发展适销对路的优质农产品，大力发展水稻、棉花、油菜等传统生态高效种植业、花卉苗圃种植业，努力形成区域化、集约化、规模化的种植业主导产品和支柱产业，建立科学合理的耕作制度和种植制度，积极推广低耗高效少污染技术，保持和改善种植业生态环境。

养殖业发展定位：实施标准化生产，为社会提供达到无公害农产品、绿色食品标准的水产品，同时加大对养殖场环境污染的治理力度，确保养殖业经济发展与生态环境建设的良性互动；走集约化养殖的路子提高产量，发挥规模效应；推广养殖新品种，普及养殖新技术，落实科学饲养、科学管理、科学防病的各项措施，提高养殖效益。

（二）主导产业发展规划

新安村的主导产业为旅游业和生态农业，具体规划内容如下。

1. 旅游业

农业休闲观光方面，利用花卉苗圃发展观光旅游。为了增强现代农庄的观赏性和参与性，在现代农庄内设置游览线路，建设各种景点或小品点缀其中，在不同季节推出不同的旅游项目，如踏青、赏花、采果等。设置休闲观光区，比如参观林果培育，了解不同花卉生长习性和养护技术，观赏丰收景象。

发展导游式观光休闲农业，不仅为游客增加很多农业方面的知识，同时也提升本村村民的文化素养。其中导游式的田园市民是农民市民化的一种新形态，他们是在产业融合发展过程中产生的"依附于田园的别样市民"。他们仍保留有农民的身份，但却具有市民的观念、素养以及收入水平。他们在农业的基础上发展旅游，以此获得更多的就业机会，更好的收入水平，并在与市民的交流、沟通的过程中开阔眼界、提升个人素养，不断增加自身旅游发展知识；在发展旅游的基础上，增强保护农村文化、保留农业特色的意识，始终保持农民特有的热情、淳朴，并积极充当农业知识、农村文化的推广者，引导游客沉浸其中，深入体验。利用农村民居开展民俗旅游。如开展以游客与农民同吃、同住、同劳动为特点的民俗旅游。可在房前房后种植果树，利用闲置的房间开办家庭餐馆、旅馆，发展民宿业，吸引游客观农家景、吃农家饭、住农家房，开展农家乐。

开展生态文明村和现代农庄观光游。结合村庄的规划建设在富有特色的地域旅游景点推出骑自行车或坐巡回车村庄游。增强游客对村庄的整体认识。重要节点和沅漉公路沿线建成一些农村商业生态区。

2. 生态农业

新安规划建设的最终目的是"让农民得到实实在在的利益"，建设城乡统筹的着眼点是发展生态农业，提高农业的综合生产能力。发展生态农业是新安规划主导产业的当然选择，所谓生态农业，就是彻底改变传统的农业生产方式和价值观念，从不同角度考虑现代人的生活观念和现实需求，顺应时代潮流，建立高效能、高附加值的生态农业生产体系。规划在村庄北部发展生态农业。

三、空间发展结构

新安村村域空间结构规划可概括为"一心、两轴、一环、三点"，其中"一心"是指以村民集中居住区、公共服务设施中心、休闲娱乐接待区为村级发展中心；"两轴"是指以沅漉公路和村西边的县道（八支渠）为两条主要发展轴；"一环"是指沿村庄两条村级主路贯穿三个农业生产服务设施中心而形成的一个农业发展环；"三点"是指三个分布于村庄的西北、东北、东南的三个农业生产服务设施中心，为各片区农业生产提供服务。

新安村村庄体系构建原则主要体现在以下几个方面：以人为本原则，尊重民意、加强村民参与，规划全面走访调研，并发放村组问卷调查表格，收集民意；集中居住原则，依托土地信托流转，加强产业聚集，引导村民实现集中居住，加强基础设施和公共服务设施配套建设；资源利用最大化原则，村庄以能拥有更加良好的生活资源和社会环境为衡量标准，体现资源利用的最大化；便民性原则，村庄体系的构建要重视村民生活、生产的便利性。

四、村域发展规模

村域发展规模主要体现在人口增长预测和用地规模两个方面，其中人口增长测算主要采用自然增长和机械增长两种测算方法，具体测算结果如下。

自然增长：新安村域现状总人口为2463人，自然增长率近期取8‰，远期取6‰。

机械增长：由于产业结构的调整，公共服务设施的建设，流向集中居住区的村庄人口也随之增加。将建设3—4个现代休闲农庄，加上农庄的餐饮、娱乐及农村商业购物等功能，需管理、服务人员30人，按60%的人员由本地培训就业外，需增加外来人员12人，加上农庄接待过夜人口30人，共计42人；农业服务和专业引进人员及眷属按现状总人口0.4%计算，约为4人。

机械减少：按照草尾镇总体规划确定的城镇化水平预测近期20%、远期35%的标准，新安村转移城镇人口近期约为525人，远期约为975人。

综上所述：

近期（至2020年）Q=2463×（1+8‰）8+（42+4）-525=2146（人）；

远期（至2030年）Q=2463×（1+8‰）8（1+6‰）10+（42+4）-975=1857（人）。

用地规模可以分为近期和远期，以合理进行用地统筹建设发展，其中：

近期（至2020年）村庄总建设用地为19.74公顷，人均建设用地92平方米；

远期（至2030年）村庄总建设用地为16.86公顷，人均建设用地90.7平方米。

五、村域土地利用规划

新安村土地利用可分为以下5个方面。

村庄建设用地：未来新安村，规划逐步引导村民实现集中居住。

村庄旅游用地：规划于新安村西侧沿八支渠布置，用于安排现代农庄设施，规划面积7.3公顷。

道路用地：规划村域道路用地19.03公顷。

农林地用地：规划农林种植地61.3公顷。

基本农田：严格保护基本农田，总面积299公顷。

村庄规划土地利用平衡详见表6-3。

表6-3　村庄规划土地利用平衡

序号	类别名称	面积（公顷）	占总用地百分比（%）
1	村民集中居住用地	15.48	3.11
2	村级公共设施用地	1.38	0.28
3	现代农庄	7.32	1.47
4	花卉苗圃用地	43.2	8.68
5	林地	7.81	1.57
6	蔬菜基地	10.32	2.07
7	墓地	2.1	0.42
8	水域	72.73	14.62
9	耕地	299.1	60.12
10	道路用地	19.04	3.83
11	农业生产服务设施用地	19.06	3.83
	总计	497.54	100.00

第五节　村域各专项规划

一、村域用地“三区”管制

根据草尾镇及新安村实际情况，用地空间分为禁止建设区、限制建设区、适宜建设区。其中，禁止建设区包括土地利用总体规划确定的基本农田、蓝线控制区、绿线控制区。控制导则是，此区域内禁止一切建设，现有的建设项目必须拆除复绿。

限制建设区包括一般耕地构成生态廊道的公共绿地等。控制导则是，此区域内保持原土地使用性质或者改变用地性质为农业，未经城乡规划部门批准同意，不得在该区内进行非农项目开发建设。非农建设需占用限制建设区用地时，必须同时从适宜建设区中划出同样数量土地还于限制建设区。市（县）重点项目需要征用的建设用地，可根据具体情况，优先在适宜建设区和限制建设区内解决。占用禁止建设区和限制建设区须按照城乡规划法修编程序重新报原城乡规划审批部门批准。

适宜建设区主要包括新安村现代农庄、规划村庄用地等。控制导则是，区内可以进行经依法审批的开发建设。在此区域内除市（县）重点建设项目、不许随意进行开发建设。鼓励建设项目向集中居住区集中，引导村民集中居住生活，其建设项目必须按规划要求进行建设。

各区管控面积统计详见表6-4。

表6-4　各区管控面积统计

项目	禁止建设区	限制建设区	适宜建设区
面积（公顷）	454.30	350.11	24.18

二、生态环境保护规划

生态环境保护规划分为自然景观保护、人文生态环境保护和水环境保护，自然景观保护主要体现在以下6个方面。

第一，村域内必须加强管理，严禁乱砍滥伐树木，以保持生态平衡。

第二，建筑周边加强绿化，乔木、灌木、草本植物相配种植，不留裸露土壤，形成生态多样性的绿化环境。

第三，绿化应选择种植适应当地环境、树冠优美、恢复速度快的植物种类。

第四，村域内的建筑应根据地形修建；建筑形式应与周边环境相互协调；村域内的各类道路修建还应加强现场勘测，尽量避开危险山体，避免坍塌。

第五，加强监控，严防病虫害发生。

第六，村域内的环境绿地不宜随意改造，应列为生态保育区，注重保育培育，使之与村庄建设协调。

人文生态环境保护主要体现在两个方面：首先是在村庄建设中，利用地方材料，地域风格建筑等元素塑造地域性的场所，增加城镇地域特色；其次要注重保护、挖掘地方历史、文化要素，加强对地方节庆、饮食、服饰、文化、娱乐、婚嫁等民风习俗的保护。

水环境保护主要体现在两个方面：首先是需要节约用水，减少水资源消耗，且通过结构调整和技术升级，促进节水型生产模式，加强中水利用，提高农业用水效率，推广节水措施；其次是需要加强污水处理设施建设，集中居住区污水需经生化处理，达到国家规定的污水排放标准。污水经处理后应尽量排入灌溉渠灌溉农田，充分利用中水资源。

三、基础设施规划

（一）道路交通规划

道路交通规划主要体现在以下3个部分。

等级规划，规划村庄道路系统分为两个等级，村级主路和村级次路，村级主路为新安村连接沅漉公路的道路，村级次路为连通各生产服务设施之间的道路；道路交通设施规划，结合集中居住区、公建和道路规划设置临时停车场地；加快建设新安村对外道路及新安村农业生产服务中心的主要公路，道路控制宽度为4.5米、3米和2.5米三个等级。

（二）市政设施规划

1. 给水工程规划

（1）村庄用水量确定

村庄用水主要分生活用水（日常居民生活用水和公共建筑用水的总称）

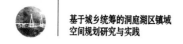

和绿地用水以及消防用水等。采用人均综合用水指标法，根据标准人均综合用水指标取180升/（人·日）。规划预测到2030年村庄人口达到1857人，则村庄最高日用水量约为334立方米/日。

（2）水源、水质

规划在通过草尾中心镇区集中供水，为村庄供应自来水，水质要求符合国家《生活饮用水卫生标准》。

（3）管网布置

规划远期新安集中居住区给水管网沿居住社区内主要道路呈环状铺设，再分别引入各户，敷设枝状管网至各农业生产服务中心。管径选择按远期规划定，主干管直径为150毫米，次干管100毫米，入户管25毫米。给水管道上每120米设置消防栓一个。

2. 排水工程规划

（1）排水体制

规划远期排水体制采用雨污分流制，近期雨水顺应地势自然排放。

规划道路设计排水边沟，集中居住区污水排放采取重力排水方式，排至集中居住区北面，建设集中污水处理设施。

（2）污水规划

规划污水量按用水量的80%计算，则村庄污水量最高为267.2立方米/日。

（4）排水沟渠布置

依据地势特点，污水排放采用整体与局部相结合，管网沿道路布置，污水管径分别为600毫米、500毫米、400毫米、300毫米。生活污水、废水收集后汇入集中居住区北面的污水处理设施，经处理达标后排入沟渠或者用于农田灌溉。所有的处理设施要进行绿化处理，与周围环境协调一致。

3. 电力、电信工程规划

（1）电力工程规划

用电负荷指标如下，住宅用户为4.0千瓦/户，同时系数为0.6，公共建筑取35千瓦/平方米，道路照明8千瓦/公顷。根据这一指标，预测用电负荷约为2860千瓦，规划电源依据草尾镇总体规划中电力工程规划确定。为满足村庄建设对景观美化的要求，宅前道路上低压电力线采用电缆沟，进入住户。

村内主要道路下埋设路灯电缆，路灯位于主道路的侧石外0.7米，宅前路上侧石外0.5米处，路灯间距30米左右。

（2）电信工程规划

随着信息时代的到来，加快推动新农村建设，缩小城乡差距势不可挡，电信工程也应尽快深入农村。规划村庄共有约515户，电话普及率100%，规划住宅按每户1.5线，公建按60平方米/线计，预测新安村话机数远期将达到780线。

广播电视部门与电信部门应密切配合，开展图文信息电视传输等业务，适应现代化发展的需要。

4. 环保、环卫设施规划

（1）环卫设施规划

废物箱：道路两侧或路口以及公共设施等的出入口附近应设置废物箱。废物箱应美观、卫生、耐用，并便于废物的分类收集。村内废物箱的设置间距村级主路为100米一处，并有明显标识，易于识别。

垃圾集中收集点：依据服务半径设置5个垃圾集中收集点，垃圾分类存放，统一收集、分类，实行集中倾倒，日产日清，保证垃圾池整洁并与周围环境卫生条件相协调。定时将垃圾清理运送至镇垃圾处理场，由镇里统一处理，有害垃圾必须单独收集、单独运输、单独处理，其垃圾容器应封闭并应具有便于识别的标志。

公厕：公厕均为水冲式，并通过化粪池进行处理，共规划公厕4座，独立式公共厕所外墙与相邻建筑物距离一般不应小于5.0米，周围应设置不小于3.0米的绿化带。公共厕所临近的道路旁，应设置明显、统一的公共厕所标志。

（2）环保措施

搞好村庄园林绿化建设，营造绿色空间。加快村内基础设施的建设力度，完善村内排水管道，严禁随地排放污水。村民应改厕、改厨、改圈，改善生活环境，粪便污水经栅格式化粪池预处理，严禁将粪便污水直接排入门前排水沟。大力推广村民建沼气池，消纳污废水和粪便污水，减少污废水的外排量，保持村内的环境卫生。加强管理，合理设置规范化的垃圾分类场所，做到生活垃圾的日产日清，美化村庄环境。大力推广清洁能源生产，提

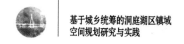

高村民生活质量。要加大清洁能源的推广力度，减少煤炭燃烧对空气的污染，通过对沼气和太阳能的利用，改变生活方式，提高生活质量，给村民一个空气清新的生活环境。

5. 能源利用规划

（1）燃料使用现状

目前新安村采用瓶装液化气、烧柴、电作为生活用主要能源，有少量沼气池。

（2）能源规划

规划采用沼气、瓶装液化气为主要能源，以电、太阳能为辅助能源，逐渐杜绝使用木材作为生活燃料。

（3）节能规划

对于集中居住住宅及其他公建设施，采用节能的设计理念和节能材料。发展利用沼气技术，利用粪便、稻杆、杂草、废渣、废料等生产沼气。集中设置11型沼气池，满足集中居中用户的生活和照明用气。

四、公共服务设施规划

（一）文化、教育、卫生设施建设

① 规划建一个文化站、科普活动室；远期建设老年活动中心，综合型的多功能厅及其室外活动场地。

②新安村规划建设一个幼儿园，2030年末，儿童入园率达100%。

③以实现人人享有初级医疗卫生保健为目标，构筑以镇卫生院为基础，村级卫生所为补充的卫生医疗服务体系，规划在集中居住区建设卫生分院。

（二）社会福利设施建设

① 结合农村中心社区（村委会）服务体系建设，新安村建立服务中心，完善便民、康复医疗、青少年活动、托幼助残的社会关怀功能。

② 在社会福利设施中建设中，在国家许可的范围内，既建设公益性设施，也鼓励社会各机构发展经营性社会福利设施。

（三）公共服务设施配置要求

根据草尾镇总体规划，按公共服务设施规划的分级设置内容与要求对新安村的公共服务设施进行设置。新安村公共服务设施设置按照中心村的级别要求。建设社区管理机构、儿童乐园、老年活动中心、综合文化室、农家书屋、科技站、健身广场、卫生室、敬老院、小学、幼儿园、邮政营业点、电信营业点、商业设施、农贸市场、公共厕所、墓地。

五、消防规划

消防用水量为同一时间内火灾次数一次，每次10升/秒，并用消防用水量与规划区最高日用水量之和校核管网。消防采用与生活管道混合的供水方式。火灾发生时，管网最不利点应满足0.1兆帕充实水柱。村内根据消防服务半径规划室外消火栓，消火栓布置间距不大于120米，保护半径不小于150米，消火栓用水量为20升/秒；建立义务消防队。

第六节　村容村貌整治规划

一、概述

为积极配合益阳市的新农村村庄建设，在农村相应居民点进行村容村貌整治工作，实施村庄"五化"——硬化、亮化、绿化、净化、美化的建设，使整治后的村容村貌整洁，环境优美，住宅经济美观。

二、现状

目前，由于农民文化水平及自身素养偏低，农村面貌还处于落后阶段。

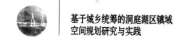

村民对环境的保护意识较差，个人意识较重，导致农村生活垃圾随处可见、环境污染严重。加上农民经济收入薄弱，生活水平较低，造成村民房屋建设档次参差不齐，外墙装饰材料搭配凌乱，有瓷砖、干粘石，也有涂料等。颜色更是各有不同，部分房屋主体周边还有一定面积违章建筑（主要以土砖建造的柴房、杂物屋、猪栏、牛栏为主）；一部分房屋比较陈旧，色彩不协调；道路周边及庭院随意堆放垃圾、杂物，严重影响村容村貌。

三、整治设想

对房屋质量较好，不愿搬迁的农户房屋进行改造，以"村部干道沿线近期整治居民点"为村庄整治示范点；"新村新貌"在现有的居住点中不应采取"大拆大建"的思路；整治规划的设计和措施应全面通用，而非个别居民点的问题。

"新村新貌"体现在"风格的统一"以及"环境的整洁"，而更重要的是环境的治理方面；全村村民参与整治，整治工作应由每户自行完成。外墙材料可由村级统一采购。道路两旁绿化、垃圾清理及场地平整可由村委发动全体村民投入劳动力，共同改善村容村貌。宣传栏、垃圾收集点可由村委会安排人员建造。

四、整治措施

（一）建筑外装饰方面

本次整治建筑部分原则上不牵涉建筑主体结构安全问题，实行"穿衣戴帽"，在外观上予以整治。

1. 屋顶整治

坡屋顶建筑严重破损者重新更换红色琉璃瓦。

2. 外墙面整治

外墙饰面为外墙漆：施工中应注意铲除原有的外墙饰面层，重新做外墙基层，确保施工后外墙质量；外墙统一粉刷白色墙漆，同时设置1米高的勒脚；外墙漆建议由村级统一采购，确保外墙色彩及质量的统一。

外墙饰面为面砖：清洗外墙面砖，可以视原有建筑外墙面层质量酌情对外墙面砖材质进行更换或补贴，但应注意新旧面砖的色泽差异不宜过大。

外墙饰面为干粘石：施工中应注意铲除原有的干粘石，重新做外墙基层，干粘石色彩及质量应协调统一。

3. 门窗整治

铝合金材质的门窗建议进行清洗；木质门窗建议统一进行重新刷油漆（棕色调和漆），同时应将门窗玻璃补齐；须换的门窗建议统一采用不锈钢玻璃大门以及铝合金材质的窗。

4. 房屋周边围墙整治

部分房屋周围的围墙比较陈旧，建议视情况进行及时拆除或者整改，质量好的围墙，建议重新粉刷。

5. 有以下三类情况，予以拆除整治

无屋顶；严重影响建筑外观的遮阳棚；部分房屋在主体周边构建的比较简陋的柴房、厨房及遮阳棚等，视外观情况进行整改或者拆除。

（二）环境方面

道路沿线的垃圾杂物应及时清理，避免对环境造成进一步的污染，同时在道路两旁种植行道树。部分基础设施配合这次规划进行配套及完善。在道路沿线及村民房屋相对集中的位置，建议设置若干个垃圾收集点，改变垃圾无人处理的现状。

村民房屋前的入户道路和前庭应进行硬化、绿化等整治，维持良好的人居环境；新建宣传栏和标语牌并针对此次规划及时更新信息；村部是村的行政中心，也是村民关注的重点，在村部周边设置路灯能有效提高村部的环境品位，并具有"村民心中的明灯"的寓意。

（三）景观方面

1. 凸显水乡特色

村庄东侧有一条宽度超过13米的胜天灌渠，村庄内部有若干条成十字形交叉、宽度为8米左右的沟渠，整个村庄水网密布、水系丰富，水乡特色明显。

2. 路、渠、桥紧密结合，形成一种临水而栖的生活空间

渠道沿道路而建，村民临水而行，使水乡村庄风情得以充分显现。

3. 滨水空间利用

村庄布局应处理好水与道路、水与建筑、水与绿化、水与水、水与产业、水与人的活动之间的关系，充分发挥滨水环境和景观的优势。

4. 村口及景观

在主要出行方向选择合适位置形成村庄出入口，以体现村庄特色。在景观方面，除沿道路和渠道两侧栽植水杉、垂柳等体现水乡特色的树种外，还可做仿真流水渠与水池假山自流喷泉景观，使村民林间穿行偶听流水淙淙。

五、项目估算明细

项目估算明细如表6-5所示。

表6-5　项目估算明细

序号	项目名称	估算费用
1	道路两旁绿化及场地平整	150 元 / 平方米
2	新建宣传栏	1000 元 / 处
3	垃圾站收集点	300 元 / 处
4	房屋屋顶换瓦材料	75 元 / 平方米
5	油毡、檐皮、挂瓦条、合风	42 元 / 平方米
6	琉璃瓦雨罩	200 元 / 米
7	房屋屋顶改造工资	20 元 / 平方米
8	架工工资	3 元 / 平方米
9	外墙面砖	30 元 / 平方米
10	外墙墙漆	28 元 / 平方米
11	外墙清洗	200 元 / 户
12	不锈钢玻璃大门	380 元 / 平方米

续表

序号	项目名称	估算费用
13	铝合金门	300 元 / 平方米
14	普通木门	150 元 / 平方米
15	铝合金窗	160 元 / 平方米
16	铁艺护窗	120 元 / 平方米
17	门窗油漆	30 元 / 平方米
18	门窗玻璃	18 元 / 平方米
19	庭院硬化	1000 元 / 户
20	庭院绿化	200 元 / 户
21	垃圾清理	200 元 / 户
22	道路硬化	300 元 / 米
23	立柱	200 元 / 根
24	横梁	150 元 / 根

注：工程量以实际发生量为准，上述单价均照湖南省定额统计，包含各项费用。

第七节 规划实施管理措施

建立责任机制。本规划经批准后，由沅江市及草尾镇领导联系新安村，负责搞好乡村建设的组织协调和指导工作。由沅江市住建局负责监督，确定负责人，新安村村支部书记和村主任是直接责任人。本规划由草尾镇镇政府和新安村村民委员会负责组织实施，作为指导新安村建设技术性、规范性文件，应进一步加强领导、统一认识、维护本规划实施的严肃性。新安村民委员会应在上级有关部门的指导下，根据规划制定年度实施计划，做到长远规划，分步实施，最终实现本规划提出的建设目标。

建立投入机制。运用市场机制整合社会资源，逐步建立以政府投入为引导，农民投入为主体，社会多方支持的多渠道、多层次、多元化的投入机制，从经济上保障本规划实施。

建立帮扶机制。以项目推动建设。市直单位实行对口帮扶，整体联动，着力扶持新安村的特色经济发展和基地设施建设，在资金、信息、技术、物资等方面给予大力支持，共同建好新安村。与此同时积极与上级有关部门联

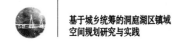
系，借助项目得到有关部门在技术资金方面的支持。

　　加强宣传，本规划经批准后，应予公告，使全体村民都能了解并理解本规划，自觉维护本规划的实施。

/ 第七章 /

城乡统筹专项规划

第一节 城乡统筹规划目标与策略

一、定位和目标

草尾镇作为益阳市城乡统筹的试验区，具体内涵为"两区两基地"：土地信托流转的先导区；农民集中居住的示范区；富有竞争力的现代农业基地；繁荣的商贸物流基地。为实现上述目标，草尾镇要成为益阳市以创新实现科学发展的城乡统筹示范区，至规划期末，草尾镇将实现城乡品质均优、功能互补、设施一体，整体高水平、可持续发展。

作为土地信托流转"益阳模式"的开拓者，草尾镇土地信托流转是益阳市进行土地信托流转的试验田，全镇15万亩耕地，流转土地达8.06万亩，土地信托流转3.26万亩，理应成为土地信托流转"益阳模式"的先导区。

作为农民集中居住的示范区，引导农民集中居住是城乡统筹的重中之重，草尾镇新安村已经启动农民集中居住，一期建设200户，成为益阳市城乡统筹农民集中居住的试验区，必将成为环境优美的集中居住示范区。

作为富有竞争力的现代农业基地，草尾镇依托15万亩耕地、1.2万亩的水面养殖，已形成优质稻米，蔬菜等特色农业，为打造竞争力强的现代农业基地奠定了基础。

作为繁荣的商贸物流基地，草尾镇腹地宽广，商业繁荣，交通发达，必将成为沅江北部的商贸物流基地。

正是基于上述条件，规划了草尾镇城乡统筹发展的战略方向和目标。在益阳市城乡统筹规划中，草尾应该扮演更积极的试验角色。当然，城镇化进程中城乡统筹发展、区域科学发展的重大机遇还要靠草尾自身来把握，来实现发展的转型，须明确天赋并不能确保发展。

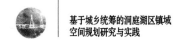

二、城市化水平预测

（一）城镇化水平现状分析

2011年，镇域总人口为9.99万（含暂住人口），人口密度为716.1人/平方千米。其中城镇人口21600人，非农业人口78300人，城镇化水平仅为21.8%，低于全国的平均水平51.3%。由于草尾镇是沅江市西北部的交通枢纽，是草尾地区的商贸物流中心，是建材、农副产品和物质集散的综合型的港口城镇，经济发展空间大，是沅江市经济发展和建设的新亮点。因而在这一经济形势的带动下草尾镇周边人口将向镇区转移，大幅度加快草尾镇的城镇化进程，并在规划期内逐年接近全国平均水平。

（二）城镇化水平预测

方法一：增长率法

公式 $Y=Y_0\left(\dfrac{1+r}{1+R}\right)^n$，式中，$Y$ 表示预测城镇化水平；Y_0 表示现状城镇化水平，2011为21.8%；r 表示城镇人口的综合增长率，根据近十年的人口变化趋势推算，2012—2020年，综合增长率 r=54.6‰，2021—2030年综合增长率取 r=52.4‰；R 表示镇域总人口的综合增长率，2012—2020年，综合增长率 R=-10‰，2021年至2030年综合增长率取 R=-25‰；n 表示规划年限。

根据本方法预测得到预期城镇化水平为 Y_{2020}=33.60% ≈ 33.6%；Y_{2030}=72.13% ≈ 72.1%。

方法二：农业人口转化法

公式 $Y=A_1(1+K_1)n+[FA_2(1+K_2)n-S/\varphi]d/Z$，式中，$Y$ 表示预测城镇化水平；A_1 表示现状城镇建成区人口，2011年为21600人；A_2 表示现状乡村人口，2011年为78300人；K_1 表示镇建成区人口自然增长率，近期为8.0‰，远期为6.9‰；（数据显示城镇人口增长率比农村略低，这也与我国计划生育政策执行的情况和城乡差别的实际情况有关）K_2 表示总人口自然增长率，近期为8.5‰，远期为7.5‰；F 表示劳动力人口占总人口比重，为46.72%；S 表示现状耕地面积，2011年为118711亩；φ表示种植业劳动力平均负担耕地数，现状2.6亩，近期4.2亩/人，远期6亩/人；d表示乡村人口中从事非农业生产人口比重，现状51.4%，近期54.6%，远期61‰；Z表示预测全镇总人口，近期9万人，远期7万人；n表示规划年限；$Y_{2020}=33.45\%$，$Y_{2030}=72.3\%$。

综合以上方法预测，本次规划推荐草尾镇城市化水平为：2020年为33.5%，2030年为72.2%。

三、城乡建设用地规模预测

基于"中心镇区—农村中心社区"两级聚落体系，草尾镇全镇城乡建设用地规模为580.9公顷，其中，城镇建设用地面积为513公顷，乡村建设用地67.9公顷。

根据土地整理计算，乡村建设用地能够整理出的土地面积为854.4公顷，城镇建设新增288公顷，最终乡村可节约整理566.4公顷。规划城镇建设用地面积（513公顷）<现状城镇建设用地面积（225公顷）+新增分配指标（288公顷）。所以，从土地需求与供给两方面来看，草尾镇到2030年则有条件支撑"一心、一轴、三片、七点"的城乡统筹的空间结构。

草尾镇2011年农村建设用地面积（含村庄宅基地和农村公路用地）922.3公顷（不含工矿用地），人均面积达117.8平方米（2011年乡村人口为7.83万人）。

乡村地区建设用地整理挖潜实际上包含了两个部分：一是处于城镇规划建成区范围以内的乡村，这部分乡村建设用地将全部作为城镇建设用地；二是处于城镇规划建成区范围以外的乡村，这部分乡村建设用地将通过整理集约，腾出部分用地，而对于这部分用地的使用又分成两部分，即：建设用地指标储备和耕地补偿（复垦）。最终，草尾镇2030年总计能整理出的用地面积为：566.4公顷。

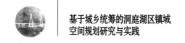

四、总体空间发展战略

（一）城乡功能统筹

城乡功能与产业统筹（城乡功能与产业分工协作），城镇除了提供区域经济、社会发展、就业、居住的主体空间。城镇还承担以下特定的乡村服务功能：

①吸纳条件成熟农村人口的城镇化（因此，要确保条件成熟农村人口"能够"城镇化）满足有条件的（一定的经济条件、耕作就业半径合理等）农民对城镇型居住的需求（量、成本、空间模式）。

②为农民提供兼业机会（就业市场的"一体化"、城镇与乡村的高可达性是两个关键），为农产品提供加工、交易、消费市场、信息、技术服务等功能。

③满足乡村居民对城镇级公共服务与设施功能的需求，乡村区域优越的生态基底、低成本、生态、一般非日常型等第三产业功能区不适合布局城市的其他内容承接地（如部分市政设施）。

（二）形成"社区组团"+"外围绿环"的高品质空间

通过社区组团加大资源整合力度，确保形成中心镇区以外地区的高品质空间。社区组团首先要在组团内部进行功能分工和协调。以增强整个组团的竞争力，通过组团利益的最大化实现自身利益的最大化。这样，可以加大资源整合力度，确保高品质中心区、高水平公共服务设施等的建设和共建共享，镇区组团内部和农村中心社区之间的一体化发展将首先得到强化。区域社区发展的整体功能，在社区组团之间进行统筹。每个社区组团应确立空间发展的主导功能。社区组团之间、城市整体的一体化发展也将得到强化。

通过外围绿环，确保镇域生态底限、"三农"发展底限和集约节约发展底限，同时也是绿色GDP的基地和保障。外围绿环应以生态农业、花卉苗木、休闲农庄等功能自然跟进。所以外围绿环最重要的要求就是环保、生态、特色，这将最终实现与GDP的统一、实现绿色的GDP。

（三）构筑整体具有强大内聚力、社区内拥有完备的自我服务和生长能力、层级相对扁平化的聚落体系

基于中心镇区强中心和高可达性的并存，聚落体系的扁平化几乎是一种必然，等级式的管治结构一般不能执行，但上述聚落体系的形成还要求以下三方面的完善。

一是草尾镇区应具备自己的强主中心，这一主中心在沅江市域中承担分散市区集中度的作用，对内承担对整个草尾镇的区域服务职能。

二是还要具有功能完善、品质优良、自我服务能力充分的下层次中心。这并不要求细致划分中心等级，而是建设达到这样要求的中心，就可以保证周边聚落不需要过多寻求而进入主中心。

上述两点都在构筑一种可持续的聚落体系配置方式，可以减少交通出行需求。

三是简化聚落配置层级。现行的差不多三级的配置方式不符合实际的功能组织关系，但是它要求相应的财政与设施配置模式，其结果自然是不合理的投入和消极的产出。

（四）以更合理的交通网络和TOD模式强化交通对区域和聚落体系发展、公共服务设施均等化配置的引领和支撑作用

构建以公共交通网络为主，强调主要联系方向，协调聚落体系和服务半径，合理配置交通网络节点，确保交通网络对区域服务支撑的效率和公平的兼顾，基于整合的交通网络和聚落体系配置基本公共服务设施。通过交通、聚落和设施体系"三位一体"的整合、调整与优化，逐步实现区域效率和公平兼备的基本公共服务均等化。

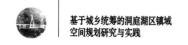

第二节　城乡空间统筹布局规划

一、规划目标与理念和城乡总体空间结构

以城乡空间统筹为目标，寻求城乡空间功能的互补协作，实现草尾镇由"城镇扩张"到"城乡统筹"的转变。遵循生态优先、安全优先、农村公交导向、土地集约等规划理念，构建以创新实现科学发展的城乡统筹示范区，实现城乡品质均优、功能互补、设施一体，整体高水平、可持续发展的益阳市城乡统筹试验区。

从沅江市城市总体规划（2011—2030）发展态势来看，依托沅江市主城区南北向的交通走廊轴发展的态势日趋明显。草尾镇位于东西联系主轴上，是沅江市域的中心城镇，是沅江市三个中心城镇之一（草尾、南大膳、黄茅洲）。本次城乡统筹在承接《沅江市城市总体规划（2011—2030）》，以沅江市区主城为核心，以三条交通走廊为发展轴，以生态空间为绿楔，多心开敞、轴向组团发展的基础上，提出"一核七团，两级聚落，绿楔开敞，轴向组团"的总体空间结构。

二、城乡建设空间布局和城乡非建设空间布局

（一）城乡建设空间布局

1. 新中心镇区

新中心镇区指品质达到了现代城镇标准、承担城镇产业和居住功能突出的小城镇，主要是草尾镇中心镇区。新镇具有以下基本特征：有相当比例的通勤就业人口；有相当比例的服务城镇型产业，集聚居住人口规模一般在1.5万至5万；农业服务职能是新中心镇区一个比重较小但很重要的职能。

从形成机制上看，新中心镇区一般经过了城镇功能项目进入的过程。

这些项目既可能落户于一个全新地块，也可能落户于一个有原有聚落基础的空间。因此，新中心镇区既可能是城镇功能找到了聚落，也可能是原聚落争取到城镇功能项目。同时，城镇农村公交发展对促进新中心镇区的形成作用巨大。

2. 农村中心社区

当地规划形成了7个集中的农村中心社区，包括2号农村中心社区、3号农村中心社区、4号农村中心社区、5号农村中心社区、6号农村中心社区、7号农村中心社区、8号农村中心社区。

农村中心社区应结合自身特色进行功能整合，集约建设，适当保留传统耕作模式；丰富当地人文内涵，适度进行现代农庄休闲旅游开发，利用休闲旅游功能为原村民提供兼业途径；按照城乡统筹一体化进行公共设施和基础设施布局，保护村庄的村容村貌。

保护村庄自然环境，尽量避免填塘，对水体截弯取直；房屋、护坡的建筑材料应用当地乡土材料。村庄主要出入口、公共绿地、街道、广场、农业设施配套等与村民生活质量密切相关的公共开放空间，是村庄公共活动组织的重要场所，也是形成独特村庄风貌的要素，应予以保护和强化，突出地方特色，充分展现乡土文化氛围。

（二）城乡非建设空间布局

形成相对集中开敞的生态农业空间，在满足基本农田总量的前提下，通过现代农业工程对基本农田空间分布规划作适当调整，以保证基本农田的相对集中、总量和空间分布的相对稳定。同时集中成规模的农业空间，为整个生态系统提供稳定的基本面，也为城市建设空间提供开敞的生态隔离。

三、城乡土地利用统筹规划

（一）中心镇区城乡互补协作的功能与设施

1. 中心镇区可提供给农村的功能与设施

中心镇区是镇域经济、社会发展、财富创造和就业、居住的主体空间。

城镇还承担以下特定的服务乡村功能：吸纳条件成熟农村人口的城镇化，满足有条件的城镇型农民居住的需求，为农民提供兼业机会，为农产品提供加工、交易、消费市场、信息、技术服务等功能，满足乡村居民对城镇级公共服务与设施功能的需求。

2. 农村可提供给城镇的功能与设施

乡村地区具有区域优越的生态基底，具有特色的文化与景观，是城镇安全的农产品基地，可以为城镇拓展提供发展空间、休闲旅游、居住空间等适合功能区。

3. 处于城镇不同区位乡村面临的城市需求

城镇拓展周边地区，由于城镇发展对空间的需求，农民将失去继续从事农业的机会，不得不加速完成向城镇居民转化的准备。在城镇近郊区，将产生生态、文化、新鲜蔬菜、居住地的城镇功能需求；在城镇远郊区，将产生生态、文化、更广泛的农业生产的城镇功能需求。

（二）草尾镇城乡统筹的功能空间划分

依据中心镇区城乡互补协作的功能与设施的潜力分析，本次规划将草尾镇城乡统筹划分为四类功能空间，城乡建设空间、区域建设空间、农业生产空间以及生态保育空间，并对每类功能空间进行分区，实现城乡功能的统筹。草尾镇城乡统筹的功能空间划分详见表7-1。

表7-1　草尾镇城乡统筹的功能空间划分

分类	分区	备注
城乡建设空间	中心镇区生活区	含乡村城镇化保障性住房用地，在经济适用房体系内单独划出针对农民迁居集中居住的用地
	中心镇区服务区	以农村公交为节点的公共服务中心
	中心镇区工贸区	含农产品信息物流市场用地、农产品加工企业
	旅游休闲区	现代农庄
	战略储备区	为区域整体发展所预留的重要空间
	农产品集散基地	—
	农村中心社区	—
区域建设空间	对外交通枢纽	—
	主要道路	—
	大型市政设施	—

续表

分类	分区	备注
农业生产空间	一般农业区	—
	现代规模农业区	
	设施有机高效农业区	如果蔬副食品基地等
	观光农业区	如花卉苗木
	水产养殖区	—
生态保育空间	生态保育区	—
	水域	

（三）用地布局

针对草尾镇现状用地总体发展水平低，效益严重偏低，生态环境质量下降，部门之间缺乏统筹、各自为政，对粗放发展模式的路径依赖等问题，本次城乡统筹规划在功能空间划分基础上，对用地类型进行细分形成城乡用地规划布局。

用地规划布局采用相对科学合理的用地类型细分体系，即"城乡用地大类＋国土用地大类"，基本实现"两规"相互衔接并且全覆盖。用地类型细分体系体现以下基本理念：一是满足新颁布城乡规划法的实施要求，体现城乡统筹，协调多层次规划；二是满足城乡规划要求的同时，兼顾规划管理的需求；三是对继承现有分类标准的同时调整统一标准发展。主要包括以下几个方面规划：农用地规划、建设用地规划、其他独立建设用地、交通运输用地、水利设施用地和其他建设用地规划。

第三节　城乡产业布局统筹规划

一、城乡产业统筹的理念与重点

（一）城乡产业统筹的理念

城乡产业的集约发展在工业向镇区园区集中的同时，也要促进农业的园

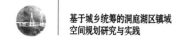
区化发展，结合"万顷良田工程"，加快发展空间连片，建设具有一定规模，适合推进农业生产经营规模化、现代化的农业产业园。城乡产业的互动发展搭建起资源—市场、农民—市场之间紧密联系的桥梁，构建联系一、二、三产的"生态农业—农特产品加工流通—生态休闲旅游"的整体产业链，以城带乡推动农产品流通体系建设，通过流通组织有机农业、绿色农业，形成各类特色农业商品基地、城乡产业与环境的共生发展一产，不仅仅是产业，更是城乡生态空间、生态环境的重要构成，应在中心镇区、农村中心社区促进农业用地与中心镇区生态绿化用地集合。作为城镇的生态绿楔和城镇周围的防止恶性扩张的绿带，城乡产业与城镇的配套发展在确保城乡生产—生活空间的匹配，产业及其土地空间有重点的适度的集中发展的同时，也与聚落体系建设相协调，使聚落体系承担一产与二产、三产关联的深加工、流通等功能，发挥产业对城镇的经济就业带动作用，同时城镇为一产发展提供高水平、高效的居住、商业等配套服务功能。

（二）镇村经济是城乡产业统筹的关键

尽管镇村在土地流转的带动下，产业发展已有所提升，但镇、村级产业的规模偏小，土地流转，农业规模化产业集中度偏低。草尾镇发展镇村经济的思路为分类发展。

第一类为中心镇区周边地区。这些地区具有接受中心镇区产业辐射的地理优势，新中心镇区可积极发展配套劳动密集型产业，进一步培植壮大镇村经济、增加农民就业机会。

第二类地区为其他无明显产业优势的地区。主要思路为：从资源条件和市场需求出发，推广适销、高产、优质品种，以现代规模农业为主体，走"一村一品"的特色农业发展之路，体现规模化、设施化、精品化；充分发挥新中心镇区的"连接、服务、集散、市场、带动、辐射"等多元功能，积极发展与农业配套的农产品深加工业、交易、流通的镇区贸工农一体化产业，打造产业链，从而促进乡村一产的全程产业化。

二、城乡产业发展目标与定位

（一）草尾镇产业发展的总体方向

明确以商贸物流为主体的第三产业结构，重点发展以现代物流业、批发零售、房地产业为主的生产性服务业，提升现代农庄层次，全面提升现代服务业的支撑水平。

加大土地信托流转力度，积极推行农业现代化、产业化，加快有机、规模、观光农业的发展，利用龙头企业推动农业结构调整，打造知名农业品牌，促进传统农业向现代型农业转化。

（二）城乡产业发展定位

结合外部环境与自身潜力，草尾镇力争实现"四个基地"的产业定位：农村土地信托流转的示范基地；沅江北部的商贸物流基地；洞庭湖平原有机农业、规模农业基地；环洞庭湖生态经济区现代农庄休闲旅游基地。

三、城乡产业布局

（一）第一产业

结合现代农业对基本农田的整理和集中发展，高标准建设农产品规模基地，加快促进现代农业园的发展，发挥品牌带动作用。

建设优质稻米生产基地6万亩。重点建设乐华、常乐、和平、幸福、人和、人益、大同闸、大福、双东、东红、新乐、新民、民主、三码头、东风、光明村等无公害水稻生产基地；双低油菜生产基地4万亩。在已确定的绿色大米生产基地范围内，采取稻—油轮作方式重点建设"双低"绿色油菜生产基地。专业化蔬菜（大蒜、韭菜等）生产基地4万亩，复种面积12万亩。重点建设乐元、上码头、立新、四民、保安垸、新安、光明、三星、大同闸村等基地。水果生产基地1万亩。重点建设民主、立新、四民、保安

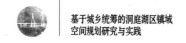
垸、新安、光明、三星村。无公害特种水产养殖基地3万亩。重点建设星火渔场、创业渔场、七一渔场等基地。苗木花卉基地1万亩。重点建设乐元、上码头、立新、四民、保安垸、新安、光明、三星村部分基地。

（二）第二产业

结合草尾镇总规的调整思路，加强工业用地的优化调整和集中布局，以农产品加工为主体的工业全部向中心镇区工业园转移，整合各类分散的工业布局资源，提升高产业集聚效应和土地利用效率，保障城镇发展空间。中心镇区的具体布局包括有机农产品深加工、食品工业等。

（三）第三产业

第三产业包括商贸服务业空间、现代物流园、现代农庄休闲旅游产业空间。商贸服务业空间包括中心镇区和各农村中心社区，大型批发零售商业主要集中在中心镇区。现代物流园重点支持绿色有机农产品提供加工、保鲜、分拣、冷藏、包装和交易、配送的综合流通服务，着眼于环洞庭湖生态经济区旅游业的长远发展，综合草尾镇的自身特点特点、交通条件、旅游发展条件和发展趋势，规划形成以现代农庄带动休闲旅游发展的目标。

四、乡村产业发展规划

（一）草尾镇乡村产业发展的总体方向

草尾镇乡村产业的发展方向，必须首先服从草尾镇整体经济、社会发展及其功能建设的需要，其次取决于各村自身的自然资源禀赋。根据草尾镇的功能要求及乡村产业的特点，草尾镇各乡村产业未来20—30年的发展方向为：集约、高效、生态的现代农业以及多元化复合兼业。

（二）乡村产业发展选择

1. 主要打造二类主要农业区和一类复合功能区
①现代规模农业种植区：依托高效农业工程，形成规模农业，主要生产

粮油类。

②设施高效农业：结合现有基础，大力发展设施农业，主要生产水果、蔬菜、花卉，开展水产养殖、家禽养殖等。

③休闲旅游观光复合功能农业区：充分利用现有优势，发展现代农庄、休闲旅游、观光体验等。

2. 依据草尾镇产业发展方向划分

依据草尾镇产业发展方向，结合草尾镇产业发展基础，发展类型如下。

（1）规模、精品高效农业

包括设施有机高效农业（果蔬副食品基地）、观光农业和现代规模种植业。

粮食生产以优质稻米为主，围绕率先实现农业现代化的目标，同时考虑草尾镇的特点，适时有效地调减粮食种植面积。油菜是草尾镇的优势作物，也是种植秋熟作物的早茬口、肥茬口和增值较大的农产品。重点发展双低油菜（低芥酸、低硫苷），使整个生产过程符合绿色、有机食品的要求。草尾镇目前已经具备了有机蔬菜、优质米两大品牌，需要进一步加强精品农业的发展，打造重点品牌，扶持若干个农业龙头企业，通过营销宣传，实施品牌化战略，提高产品附加值。变"产量农业为质量农业、产品农业为服务农业"，重点发展蔬菜、水果、花卉等高附加值农作物，使其真正成为长沙的"菜篮子、果盘子、花园子"。

（2）生态型现代渔业

依托洞庭湖天然的淡水资源和现有的基础，渔业要大力发展名特优水产品种生产，把无公害大闸蟹、青鱼、田螺养殖作为重中之重，大力推进生态鱼苗基地建设。

（3）绿色食品加工业

草尾镇应积极发展加工农业，针对城镇居民对农产品质量、品种、规格等方面的新要求，开展农产品精选、分级、包装等粗加工以及农产品深加工等服务，建立具有龙头作用和一定规模的、富有创新的农产品加工企业。具体可发展以下几种产业：农产品储藏、保鲜、加工及综合利用；以农副产品为原料的深加工食品。

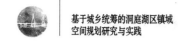
（4）农产品配送业

农产品配送业是农业与物流业相融合的新产业，为扩大农产品批发市场、解决农产品流通中的问题提供了新的机遇。草尾发展农产品配送业的潜力巨大，应积极开展配送业务，不断提升自身功能。

（5）现代农庄休闲旅游业

目前草尾镇已有几家农家乐等观光农业点，但还存在着开发层次低、结构不尽合理，经营水平低、辐射带动作用弱等问题，因此，草尾镇要发展精品农业需要对现有资源进行整合，规划进一步在其基础上发展草尾镇特色的现代农庄休闲旅游，包括生态化农村中心社区、参与农耕活动、生态示范农业园区、绿色食品和农庄式休闲度假设施等，树立草尾品牌，做好相关服务以及基础设施配套，完成从产品农业向服务农业、从观光型旅游向体验型旅游的转变。

第四节　城乡公共服务设施体系统筹规划

一、城乡公共服务设施现状与问题

（一）教育设施

草尾镇现有中小学校8所，包括完全初中1所，九年制学校3所，中心小学1所，完全小学3所。其中益阳市级合格初中1所，已申报合格学校2所。

草尾镇的镇区基本教育服务内容比较齐全（完小、普通高中），设施数量好，初级教育的普及率较高。存在的主要问题是：现有设施规模和服务水平不高，参差不齐；村小辐射服务范围分散，学生就学距离较远；现有的教育资源基本是以镇区为导向进行建设，村内的教育资源相对缺乏。

（二）体育设施

草尾镇体育设施除镇区个别机关单位和学校有非标准化的篮球场外，其他地区及各行政村几乎无体育设施。现面临的主要问题是：撤区并乡后，人口比重大，符合标准配置的体育设施几乎没有；体育设施较单调，现有室外体育设施主要以篮球类为主，应增加其他体育设施。

（三）文化设施

草尾镇各行政村目前建有农家书屋，中心镇区建有综合文化站。现面临的主要问题是：草尾镇文化设施建设取得了一定成绩，但现有文化设施规模、建设水平与草尾经济发展水平和新镇区定位发展不相协调；各村和社区文化设施建设水平相对落后，农民享有文化设施程度不高，每个村除文化书屋外，无其他文化设施。

（四）医疗设施

草尾镇镇区主要医疗卫生设施有沅江市第四人民医院、草尾镇卫生院、草尾血防院，总用地面积1.83公顷。此外草尾镇各个行政村均有卫生院，基本能满足当地居民的需要。

现面临的主要问题是：由于村级社区卫生服务站受诊疗条件限制，各行政村部分群众看病不方便；公共卫生经费投入及相关配套政策仍显不足。

二、城乡公共服务设施规划原则

（一）均质化原则

在城乡统筹的过程中，基本公共服务的配置不能仅考虑城镇范围的完善需求及标准配置，还要统筹考虑周边乡村村民享受公共服务的权利，并兼顾到乡村与城镇的空间距离、公共服务设施的服务范围、服务人口，以及配置区人口结构构成、未来发展状况等多方面的因素进行公共服务设施的均质化全覆盖配置。缩小城乡社会差别，使居民享受公共服务的权利公平化。

（二）规模化原则

由于各行政村人口相对分散，公共服务设施的发展还需要考虑投入和效

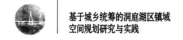

益的问题，提倡规模化发展。比如根据教育改革，教育设施规划不但要按人口规模的要求安排相应的中小学数量，还要求中小学相对集中，提高教育水平。因此，未来小学要向农村中心社区集中，提高质量。总的来说，主要是依托中心镇区和农村中心社区，建立辐射乡村的服务节点，提供教育、培训、医疗、文化等服务。特别是通过交通设施，保证其可达性与集约性的统一。

（三）差异化原则

公共服务设施不应仅局限于生活性方面，也要考虑各村第一产业的现代化、产业化发展对相关的生产性公共服务设施的需求。在配置公共服务设施时，应考虑中心镇区与农村中心地区的差异化需求，合理配置。比如农村中心社区在保证九年制义务教育的基础上，应逐步扩展基本教育的内涵，把针对农民的技术、职业培训（继续教育）列为重要内容。

（四）基本公共服务均等化原则与目标规划

在城乡统筹的过程中，基本公共服务的配置不能仅考虑城镇范围的完善需求及标准配置，还要统筹考虑周边乡村村民享受公共服务的权利，并兼顾乡村与城镇的空间距离、公共服务设施的服务范围、服务人口、重复利用的可能性以及配置区人口结构构成、未来发展状况等多方面的因素进行公共服务设施的均等化全覆盖配置。使居民享受公共服务的权利公平化，使不同阶层、不同收入的人群都能够找到符合自身要求的公共服务设施并最终达到全民公共服务设施均等化的高级目标。

（五）基本公共服务配置指引原则

在推进城镇化的基础上，根据规划对不同农村社区进行分类引导，发挥中心镇区和农村社区的辐射作用，加强服务设施的共享。建设有利于引导乡村集中发展的交通体系，加强乡村公路建设，采用农村公交模式联系城乡，完善联系城乡的公交系统。

加大对乡村基本公共服务的投入，以缩小城乡社会差别，实现服务均等化为目标。结合中心镇区和农村中心社区，合理布局全镇域的教育、医疗卫生、生产性服务设施，保证其可达性与集约性。

（六）保障基本公共服务原则

在保证九年制义务教育的基础上，逐步扩展基本教育的内涵，把针对农民的技术、职业培训（继续教育）列为重要内容。同时，在保证数量的同时，提升基础教育质量。依托中心镇区和农村中心社区，建立服务乡村的高质量医疗设施。在中心镇区和农村中心社区设置辐射乡村的服务节点，提供教育、培训、医疗、文化等服务。

逐步建立城乡统一的基本社会保障体系（尤其是基本医疗保障、基本养老保障和基本失业保障）。尤其关注乡村教育助学制度、住房置换补偿制度，注重农民城镇化进程中的社会保障配套。具体配置详见表7-2。

表7-2 社会保障配套

种类	补充说明	农村中心社区配置	中心镇区配置
小学	提高小学教育质量，以农村中心社区、中心镇区为辐射中心	●	▲
中学	提高中学教育质量，九年义务教育发展为十二年义务教育	●	▲
农民继续教育站	提供农民技术、就业培训	▲	▲
卫生院、站	对于农村中心社区、中心镇区提供不同层次的高质量设施和服务	▲	▲
基本医疗保障（%）	从农村合作医疗向城乡一体化医疗保障转化	100%	100%
基本养老保障（%）	从农村养老保障向城乡一体医疗保障转化	100%	100%
基本失业保障（%）	重点包括基本失地、失业保障，实现城乡一体的失业保障体系（包括农民工）	100%	100%

注：▲表示必须配置，●表示有条件配置。

（七）建设生产性服务设施原则

根据规划，有所选择地加强乡村农田水利建设。同时依据聚落体系，设置不同的生产性服务设施，详见表7-3。此外，可由市场引导，依托中心镇区建立农产品加工、配送基地。

表7-3　生产性服务设施

种类	服务类型	农村中心社区配置	中心镇区配置
农资站、种子公司	提供农业生产资源	▲	▲
农技站	提供农业技术服务指导	▲	▲
农机站	提供农业机械	▲	▲
农业信息服务中心	提供农业生产信息服务	▲	▲
农业金融服务网点	提供农村信贷、金融服务	▲	▲

注：▲表示必须配置，●表示有条件配置。

　　加快构建以公共服务机构为依托、合作经济组织为基础、龙头企业为骨干、其他社会力量为补充，公益性服务和经营性服务相结合、专项服务和综合服务相协调的新型农业社会化服务体系；加强农业公共服务能力建设，创新管理体制，提高人员素质，健全镇农业技术推广、动植物疫病防控、农产品质量监管等公共服务机构，逐步建立村级服务站点；支持供销合作社、农民专业合作社、专业服务公司、专业技术协会、农民经纪人、龙头企业等提供多种形式的生产经营服务；开拓农村市场，推进农村流通现代化。健全农产品市场体系，完善农业信息收集和发布制度，发展农产品现代流通方式，减免运销环节收费，长期实行绿色通道政策，加快形成流通成本低、运行效率高的农产品营销网络。保障农用生产资料供应，整顿和规范农村市场秩序，严厉惩治坑农害农行为。具体详见表7-4。

表7-4　基本公共设施及服务

种类	分类	2020	2030
基本生活公共设施及服务	自来水	100%	100%
	电（城乡联网）	100%	100%
	城乡道路覆盖率	100%	100%
	城乡公交体系（城乡覆盖）	√	√
	污水、垃圾收集设施	√	√
	污水、垃圾处理设施	√	√
基本生产公共设施及服务	农田水利设施	√	√
	农资站、种子公司	√	√
	农技站	√	√
	农机站	√	√
	农业信息服务中心	—	√
	农业金融服务网点	—	√

续表

种类	分类		2020	2030
基本生存与发展保障	基本教育	九年制义务教育	√	—
		十二年义务教育	—	√
	农民继续教育		√	—
	基本医疗设施覆盖率		100%	100%
	基本医疗保障	农村合作医疗	√	—
		城乡一体医疗保障	—	√
	基本养老保障	农村养老保险	√	—
		城乡一体养老保障	—	√
	基本失业保障		√	√

（八）设施农用地

以现有的各行政村为依托，以现有的各行政村村委会驻地为基点，按照耕作服务半径和交通可达性，合理布置各村的设施农用地，为各农村中心社区的集中提供设施服务基地。保障农村农民农具摆放、种子、农药、化肥等存储和堆放等需求，实现生产与生活的有机分离。

三、乡村基本公共服务配置规划

综合规划及标准中对于公共服务设施的分类及解释，结合乡村生产生活实际，我们将乡村基本公共服务界定为：保障社会全体成员基本生活及生产需求的设施，这些设施涉及居民日常的生活生产、教育、医疗、文化体育活动，社会保障等各个方面。我们将其分为三个类别：基本生活公共设施及服务、基本生产公共设施及服务以及基本生存与发展保障。乡村基本公共服务的投入注重阶段性，重点规划所选择的农村中心社区和中心镇区布置，以鼓励集聚、城镇化为前提，减少过程性浪费。

四、公共服务设施分级分类配置指引

针对草尾镇现状乡村公共服务设施严重不足的问题，综合相关规划及标准中对于公共服务设施的分类及解释，结合草尾镇乡村生产生活实际，重点对乡村基本公共服务进行补充研究，其内容包括保障社会全体成员基本生活及生产需求的设施，这些设施涉及居民日常的生活生产、教育、医疗、文化体育活动、社会保障等各个方面。我们将其分为两个类别：基本生活和基本生产公共服务设施。乡村基本公共服务的投入注重阶段性，以鼓励集聚、城镇化为前提，减少过程性浪费。按照聚落体系规划中各级聚落的功能定位和人口规模，分别建立中心镇区和农村中心社区的多层次、全覆盖、功能完善的综合公共服务体系。

中心镇区和农村中心社区进行基础教育、文化体育、基本医疗卫生等公共服务的布局，并由政府补贴进行运作，形成最基层的服务节点，整体覆盖乡村地区。公共设施除了服务于乡镇生活外，还要满足农业经济的产业化、规模化发展需求。

中心镇区是以社区中心为核心，服务半径400—500米，由镇区干道或自然地理边界围合的以居住功能为主的片区，人口规模为3万—5万人；基层社区是由镇区支路以上道路围合、规划半径200—250米的镇区最小社区单元，人口规模为0.5万—1万人，3—6个基层社区构成居住社区。

公共设施按照使用功能分为八种：教育设施；医疗卫生设施；文化娱乐设施；体育设施；社会福利与保障设施；行政管理与社区服务设施；商业金融服务设施；邮政电信设施。

五、中心镇区（区域型）

（一）居住社区级公共服务设施配置导引

中心镇区公共服务设施：人口规模3万—5万左右为核心，服务半径400—500米范围内居住人口的公共服务设施。

中心镇区公共服务设施应在居住社区交通便利的中心地段或邻近公共交通站点集中设置，且居住社区中心应集中布局，形成中心用地。用地规模控制在3—5公顷，其中公共设施用地2—4公顷、绿地1—2公顷。中心镇区中的公共设施以综合体的形式集中布置，包括文化娱乐、体育、行政管理、社区服务、社会福利、医疗卫生、商业金融服务、邮电等设施，尤其应注意中、小学等教育设施及老年公寓等社区服务设施宜独立设置。中心镇区心设置内容及标准详见表7-5。

表7-5　中心镇区心设置内容及标准

序号	设置项目		内容	建筑规模（平方米）	用地规模（平方米）	设置要求
1	教育设施	中学（或九年一贯制学校）	—	自定	20000—45000	按九年一贯制配置学校时，居住社区应设置高中，可采用两个相邻居住社区一所的方式设置
		小学	—	自定	10000—25000	
2	文化娱乐设施	文化活动中心（☆）	包括小型图书馆、科普知识宣传与教育；影视厅、舞厅、游艺厅、球类、棋类活动室；科技活动、各类艺术训练班及青少年和老年人学习活动场地、用房等	4000—5000	自定	—
3	体育设施	体育活动中心（☆）	室外健身场地、慢跑道、篮球场、羽毛球场、小型足球场、健身房和游泳池等设施项目	1500	10000—15000	宜设置60—100米直跑道和200米环形跑道，室外场地可与绿地邻近设置。当学校体育运动场向社会开放时，可适当缩减室外场地（篮球场、小型足球场等）的用地
4	行政管理与社区服务设施	街政管理中心（☆）	包括街道办事处及市政、环卫等管理用房	1200—1700	1000—1500	如人口规模较小，根据行政管理需要，可两个或两个以上居住社区共同设置一处
		社区服务中心（☆）	提供家政服务、就业指导、中介、咨询服务、代客定票等服务	1000—3000	自定	
		派出所（☆）	—	1500	600	宜有专用院落，应有对外、对内方便的出入口；如人口规模较小，可两个或两个以上居住社区共同设置一处
5	社会福利与保障设施	养老院（☆）	为老年人综合福利设施，提供老年人全托、日托服务	1500	自定	应可容纳30名左右老人

续表

序号	设置项目		内容	建筑规模（平方米）	用地规模（平方米）	设置要求
6	医疗卫生设施	社区卫生服务中心（☆）	含残疾人康复服务中心、残疾人托养所	2500—3500	3000—5000	设在交通便利、环境安静地段，应有对外方便的出入口和无障碍通道
7	邮政电信设施	邮电设施（☆）	提供电报、电话、信函、包裹、兑汇和报刊零售等服务的邮电综合业务服务设施	250	自定	应设在建筑一层，宜结合建筑平面布局提供一定面积的停车场地
8	商业金融服务设施	菜市场（☆）	售卖蔬菜、肉类、水产品、副食品、水果、熟食、净菜等	2000	自定	宜设在底层（若为生鲜超市也可设在地下一层室内）；运输车辆易于进出的相对独立地段；与住宅有一定间隔；应配置停车场
		社区商业金融服务设施	超市、餐饮、中西药店、书店、洗染、美容美发、综合修理、服装店、鞋店、礼品、鲜花、照相、音像制品、日用杂品、五金电器、文具、洗浴等其他商业服务设施，银行储蓄所等金融服务设施	17200—23200	自定	应布置在二层以下，超市在底层设置独立的出入口，有一定面积的停车场地
9	其他设施（☆）		公共厕所、再生资源便民回收站、停车设施等	公厕60、回收站80—100	自定	公厕应结合主体建筑设置，临街设置，并应有单独的出入口和管理室（并符合南京市公厕设置标准），新建地区的居住社区中公厕用房的建筑面积应不小于60平方米，若为独立式公厕，则用地面积应为60—100平方米/座；鼓励利用地下空间停车（停车配建按宁规字〔2003〕49号文执行）
合计				32700—43200	30000—40000	—

（二）基层社区级公共服务设施配置导引

基层社区级公共服务设施：人口规模0.5万—1万为核心，服务半径200—250米范围内居住人口的公共服务设施。基层社区级公共设施应在交通便利的中心地段集中设置（除少数独立设置的设施外），与基层社区公共绿地共同形成基层社区中心。基层社区中心应集中布局，形成中心用地，用地规模控制在6000—7000平方米。其中公共设施用地约2000—3000平方米，公共绿地用地约4000平方米。小学、幼儿园或托儿所宜独立设置。基层社区中心设置内容及标准详见表7-6。

表7-6　基层社区中心设置内容及标准

序号	设置项目		内容	建筑规模（平方米）	用地规模（平方米）	设置要求
1	教育设施	小学	运动场、教学楼、宿舍楼	自定	10000—25000	—
		幼儿园或托儿所	幼儿活动场、幼儿活动室、幼儿休息室	自定	3000—5000	独立设置于阳光充足，接近公共绿地，便于家长接送的地段，应有独立院落、独立的出入口
2	文化娱乐设施	文化活动站（☆）	包括书报阅览、书画、文娱、健身、音乐欣赏、茶座等，主要供青少年和老年人活动	400—600	自定	—
3	体育设施	体育活动站（☆）	包括篮、排球及小型球类场地，儿童及老年人活动场地和其他简单运动设施等	自定	600	可与绿地结合设置，用地中应保证不小于150平方米的全民健身点
4	行政管理与社区服务设施	社区管理服务设施（☆）	社区居委会、社区服务站、老年之家、社区居民学校、社区警务室等	350—600	—	—
5	社会福利与保障设施	托老所（☆）	老人活动中心、老人活动场	600—1000	—	—
		集中墓地	墓园	—	—	—
6	医疗卫生设施	社区卫生服务站（☆）	健康促进、卫生防病、妇幼保健、老年保健、慢性病防治和常见病诊疗	120—300	自定	—

续表

序号	设置项目		内容	建筑规模（平方米）	用地规模（平方米）	设置要求
7	商业金融服务设施	小型商业金融服务设施	便利店、早点店等小型商业服务设施，储蓄所等	500	自定	—
8	其他设施	其他设施（☆）	公共厕所、停车设施等	公厕 30—60	自定	公厕应结合主体建筑设置，临街设置，并应有单独的出入口和管理室
合计				2000—2900	2000—3000	

六、农村中心社区（基层型）

（一）生活性配套

农村中心社区公共服务设施是指以聚落体系分阶段建设中保留的居民点（人口规模不超过5000人）为服务对象的公共服务设施，主要满足基本的生活配套需求。具体配备要求详见表7-7。

表7-7 农村社区公共服务设施配置

类别	项目	中心社区
教育	幼儿园、托儿所	3千人以上：● 3千人以下：—
	小学	——
医疗	计生站	●
	卫生室	●
文化娱乐	文化站	●
	图书室	——
	老年之家	●
管理	村委会	——
商业	便利店	●

注：▲表示必须配置，●表示有条件配置。

（二）生产性配套

依托中心镇区，加快构建以公共服务机构为依托、合作经济组织为基础、龙头企业为骨干、其他社会力量为补充，公益性服务和经营性服务相结合、专项服务和综合服务相协调的新型农业社会化服务体系。加强农业公共服务能力建设，创新管理体制，提高人员素质，健全镇农业技术推广、动植物疫病防控、农产品质量监管等公共服务机构，逐步建立村级服务站点。支持供销合作社、农民专业合作社、专业服务公司、专业技术协会、农民经纪人、龙头企业等提供多种形式的生产经营服务。开拓农村市场，推进农村流通现代化。健全农产品市场体系，完善农业信息收集和发布制度，发展农产品现代流通方式，减免运销环节收费，长期实行绿色通道政策，加快形成流通成本低、运行效率高的农产品营销网络。保障农用生产资料供应，整顿和规范农村市场秩序，严厉惩治坑农害农行为。生产型公共服务设施主要分为公共性、经营性两类。具体内容详见表7-8。

表7-8　生产性配套设施要求

种类	补充说明	农村中心社区
农业生产服务设施	农资站、种子公司、农机站	▲
	农技站、农业信息服务中心、农业金融服务网点、农民继续教育站	▲
农业产业化配套经营设施	农产品物流中心及专业市场	●

注：▲表示必须配置，●表示有条件配置。

第五节　城乡交通体系统筹规划

一、交通现状与问题

（一）城乡交通发展特征

草尾镇交通系统是沅江市交通系统中的重要组成部分，兼有高效便捷的区域交通系统和机动可达的乡村交通系统。沅江市北部从东出沅江市或到沅江市都需经过草尾镇，出大通湖草尾镇是必经之路。各村与镇区之间以就业为目的的出行需求逐步增加，以休闲旅游为目的的出行需求快速增加。

（二）城乡交通发展存在的主要问题

草尾镇S202公路和现状的沅漉公路通过型的交通对城乡空间分割严重，

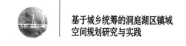

要进一步发挥其对镇区发展的带动作用。草尾镇东面与中心镇区联系的南北向交通通道有待进一步强化，区域东西向交通通道路面宽度不足，导致堵车。中心镇区街道之间的联系需要加强，乡村道路现状等级偏低，静态设施不足。

二、交通发展态势与影响分析

（一）城乡机动化进程加速，构成聚点型、网路化的出行需求

近年来草尾镇机动车保有量不断增加，城乡生活生产方式的差别决定各自机动化方式有所不同，城镇机动化主要满足居民的工作、居住、休憩、购物等需求，因此机动化将以小汽车为主；农村居民除了工作、生活以外，另外还有购物运输的考虑，因此机动化将以小汽车、摩托车、农用车结合的方式进行。

（二）城乡间出现目的显著变化

社会经济的发展必然促进产业进一步集聚、就业岗位增加，更多的农村居民将到城镇工作和生活，城乡之间以就业为目的的交通出行需求大大提高，城乡之间出行将由以购物为目的弹性出行向以就业为目的的刚性出行需求变化。

（三）积极发展城乡公交系统

随着各村与镇区联系的不断加强，各村之间、城乡之间客流强度增加要求有便捷的公共交通方式作为支撑，因此发展公共交通势在必行。需要发展新型一体化城乡公交模式，满足城乡居民出行的需要。

三、发展目标与规划理念

（一）城乡交通发展愿景

依据草尾镇发展目标，城乡综合交通发展愿景为构建一个"衔接有序，高效畅达，绿色和谐"的现代化城乡交通体系：衔接有序，建立多种交通方

式、不同道路等级有序衔接的一体化交通网络；高效畅达，构建内畅外达、管理高效的城乡交通体系；绿色和谐，选择和构建资源节约、环境友好、公平公正的交通体系。

（二）城乡交通发展目标

梳理和衔接原有交通系统，加快城乡交通基础设施建设，建立一个高效现代、可持续发展，与沅江市中心城镇和沅江北部的商贸物流重镇相适应的交通运输体系。基本实现"1311"目标，即草尾镇与长沙市1小时内通达，与益阳市30分钟通达，上高速10分钟到达沅江市，各农村中心社区10分钟内通达镇区公路网和各乡村干道。

（三）城乡交通规划理念

本次城乡交通规划的主要理念为：统筹交通与城乡发展，以交通引导中心镇区和各农村中心社区拓展，以交通支撑乡村发展；统筹区域交通与城乡交通，协调有序、集约高效，形成一体化交通体系；统筹交通与生产性服务业，依托重大交通基础设施及站场枢纽，发展物流、信息服务；统筹交通与"三农"发展，塑造有利于农业生产、农村建设、农民生活的交通模式。

四、城乡交通规划布局

（一）航道及港口规划

1. 规划目标

构筑以草尾河为主体的水运体系，未来草尾河内河航运将以其大运量、低能耗、低运价、环保的优势保持在洞庭湖货运运输体系中的重要地位，内河航道基础设施滞后状况全面改善，实现通江入湖、连城达港的高等级沟通。

2. 航道规划

草尾河是湖南省水运最为繁忙的河流之一，草尾河航道是洞庭湖和长江航道的重要组成部分，航道网规划体系中，草尾河规划为三级航道。

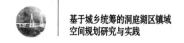
3. 内河港口规划

草尾河港口是草尾镇交通基础设施的重要组成部分，是洞庭湖茅草街百万吨级港口的延伸和必要补充，是草尾镇与周边地区物资交流的依托，是兼有装卸、仓储、物流服务等综合性功能，规划在草尾中心镇区建设综合型的物流港口。

（二）城乡交通网络结构

草尾镇城乡交通网路结构规划为"三纵两横＋网络"的城乡交通网络体系，其中"三纵"包括S202（含益南高速部分）、乐新路（规划县道）、创业路＋三码头路（规划乡道）；"两横"包括幸福路（规划县道）、沅漉公路（规划省道）；"网路"包括村级主道＋生产性道路构筑的网络体系。

（三）高速公路规划

草尾镇规划建设1条高速公路：即益（阳）南（县）高速公路。该高速公路为双向四车道，性质为益阳市域南北向的交通大通道，连接（岳常）高速公路、长张高速公路，在草尾中心镇区有互通口，其在草尾镇境内长度为2.5千米。

（四）省道（过境）公路

过境公路指区域直达性的公路，提供干线机动性功能。草尾镇已有规划的干线性公路有：S202和规划提升为省道等级的沅漉公路（详见表7-9）。

表7-9 主要道路功能介绍

道路名称	境内长度（千米）	断面形式	功能说明
S202	8.5	双向四车道	联系大通湖、华容、岳阳、沅江市、益阳市的主要通道
沅漉公路	12.5	规划双向四车道	联系沅江市北部的重要乡镇、漉湖芦苇场、南大、阳罗、黄茅洲等乡镇、联系东洞庭湖东面的汨罗市，岳阳县等的主要通道

（五）县道规划

规划县道主要服务中心镇区以及对外起联系功能的交通联系（详见表7-10），同时与过境路和高速网络系统合理对接，实现对外交通与城镇内部交通的有效衔接。草尾镇域规划的镇域性主干路有：幸福路（幸福村—大同闸村）、乐新路（乐华村—立新村）和草共路（草尾镇区—共华镇）。

表7-10 县道功能介绍

道路名称	境内长度（千米）	断面形式	功能说明
幸福路	12.7	双向两车道（设非机动车道）	东接S202，途径幸福、人和、人益、大同闸、七一渔场、东接阳罗镇
乐新路	8.5	双向两车道（设非机动车道）	南接规划省道沅漉公路、途径立新、人和、乐华、常乐，北接大通湖区的千山红镇
草共路	2	双向四车道（中心镇区）	北接规划省道沅漉公路、途径镇区、跨草尾河，南接共华镇

（六）镇（乡）道规划

镇（乡）道主要服务中心镇区以及农村中心社区的交通联系（详见表7-11），同时与过境路和县道网络系统合理对接，实现中心镇区与农村中心镇区交通的有效衔接。草尾镇域规划的镇（乡）道：创业路（大同闸村—新安村）和三码头路（新安村—三码头村）。

表7-11 镇（乡）道功能介绍

道路名称	境内长度（千米）	断面形式	功能说明
创业路	3.5	双向两车道	北接规划县道幸福路，途径双东、东红、新安村、南接规划省道沅漉公路
三码头路	3	双向两车道	北接规划省道沅漉公路、途径新乐、新民、三码头村，南接草尾河防洪大堤

（七）乡村道路网络规划（村级主路＋生产服务性路）

乡村道路网络主要实现乡村与中心镇区、各农村中心社区与中心镇区、乡村与乡村之间的交通联系，并满足耕作半径和农业生产的需要。乡村道路网络主要规划思路包括以下三个方面：

1. 积极应对聚落体系调整

乡村道路网络规划必须紧密结合聚落体系结构调整要求，并适应过渡时期的乡村发展，坚持道路基础设施适度超前的发展策略，有效引导各村村民向农村中心社区居民点聚集，满足城乡统筹发展需求。

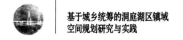
2. 满足主要基础设施布局要求

聚落体系调整必然带来主要基础设施的重新分布及建设，基础设施的调整需要道路网络的配套与支持，因此乡村道路网络的规划建设必须结合基础设施的布局。

3. 提升整体道路网络等级水平

依据新的聚落体系，道路通村率达到100%，各居委会、村委会通等级公路；耕作半径出行时间不超过30分钟。

（八）公共交通一体化发展

公交的线网发展目标为"镇域全覆盖，村村通公交"。

以"城乡统筹交通一体化"的发展战略为指导，按照"以人为本"的原则，满足居民出行方便性、安全性、快捷性、舒适性的要求，到期末建成纵向到边、横向衔接、功能完善的现代城乡一体公交格局（详见表7-12）。全镇构筑形成"镇—村"的二级城乡公交客运网络，建立整个镇域内相互衔接、零缝隙换乘、资源共享、布局合理、方便快捷、畅通有序的公交客运网络新机制，以"城乡一体化、区间网络化、镇村辐射化、布局合理化"的发展思路，实现村村通公交。

表7-12　公交站点规划

序号	类别	场站	面积/平方米	备注
1	草尾中心镇区	草尾站（首末站）	3500	中心镇区集散点
2	5号农村中心社区	（首末站）	2000	农村中心社区集散点
3	6号农村中心社区	（首末站）	2000	农村中心社区集散点

首末车站是行车调度人员运营、司售人员休息的地方，是车辆夜间停放或白天客运高峰过后车辆停放的场所。中心镇区的、建一个占地面积为5—10亩的城乡公交首末站，场站设施包括候车亭、休息室、调度室等，建筑面积不小于300平方米。

根据草尾镇域公交一体化目标，为生产和生活服务配套，各农村中心社区设置公交站点，根据用地大小设置1—2个站点，生产性服务设施（设施农用地）地点设施1个公交站点，在规划省道和规划县道根据合理的服务半径设置公交招呼站。

第六节　城乡市政设施体系统筹规划

一、理念与思路

（一）市政基础设施城乡统筹的目标和思路

市政基础设施城乡统筹的目标是促进草尾镇市政基础设施的合理配置，实现资源的共享，确保各种基础资源的可持续开发利用，提高城镇与乡村的（包括农村与农业）综合服务能力，支撑草尾镇的发展战略。

市政基础设施城乡统筹的思路是：建立镇域内统一、集中的市政管理体系，打破城乡、部门间的界限，加强管理，提高办事效率；加强市政基础资源的管理，确保基础资源在城乡间合理分配；从城乡一体服务的角度规划布置大型市政基础设施，大力推动城镇基础设施向农村延伸；合理确定中心镇区和村级（包括农村中心社区）市政设施服务标准，提高乡村的市政综合服务水平。

（二）市政基础设施城乡统筹规划

1. 市政管理制度城乡统筹规划

建立城乡一体的水务管理体系，坚持统一管理与分级管理相结合，实现地表水、地下水资源的统一调度和管理；同时将水资源配置、水源保护、城镇供水、节水、市政排水、污水处理、地下水开发和利用等管理职能一并纳入统一的管理体系。打破城乡、部门间的界限，确立城乡供水、节水、排水一体化的管理体制，实现城镇与农村、地下水与地表水、水质与水量、供水与排水、用水与节水、防洪与排涝等的统一管理。

推进农电企业一体化管理，建立界面清晰、精简高效、协调统一的组织管理体系。形成以政府为主导的工作机制，并将农村中心社区的电气化建设纳入电气规划当中，做到统筹安排，同步进行。转变环境保护理念，确定以

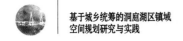
环境负荷能力总量确定排污总量的原则，防止环境遭到不可逆转的破坏。

2.市政基础资源城乡统筹

水资源的城乡统筹方面，以流域为基础系统管理水资源，确定节水的社会政策，加强农村尤其是农业灌溉的节水技术利用。摒弃"以需定供"的传统观念，代之"以供定需"的新理念。

电力的城乡统筹方面，一体化协调发展，提升科技水平。

3. 市政基础设施服务城乡均等化统筹

（1）城乡供水的均等化服务

建立城乡一体化的供水系统。共规划水厂3座。总规模约2.11万立方米/日，通过输水干管向全镇供水。乡村供水按照农村综合用水标准远期180升/（人·日）确定供水系统，除部分地下水丰富且达到饮用水卫生标准的地区外，其余均与市政管网同网供水。

（2）城乡排水的均等化服务

建立城乡一体化的排水系统，草尾镇预测污水量规模总计约1.7万立方米/日。根据打破行政区划界限，统一按照流域划分排水分区的原则，规划区共划分为8个污水系统，共计1座污水处理厂和7个农村中心社区小型污水处理装置，覆盖到全镇。农村中心社区污水处理按照分散处理的原则，采用小型污水处理装置处理。

（3）城乡电力的均等化服务

按照城乡供电服务均等化的方向，努力加快缩小城乡供电服务差距，使村级电力网的供电质量、供电可靠性、供电服务与中心城市的相关指标一致。

（4）城乡通信的均等化服务

每个农村中心社区建一个邮政代办点，每户建一个信报箱，固定电话和有线电视的普及率达到100%，移动信号村级范围内全覆盖。

（5）城乡燃气的均等化服务

近期乡村用气规划灌装液化石油气和部分电力作为补充，远期采用管道燃气。

（6）城乡环卫的均等化服务

①镇现有的简易垃圾处置堆场应在2—3年内逐步封停，所有生活垃圾

全部进入沅江市统一部署的垃圾场做无害化卫生填埋。②各农村中心社区近期建立初步的垃圾收集、运输系统，远期完善。各农村中心社区提倡实施垃圾分类，就地处理有机垃圾。应当鼓励村民每家进行初次垃圾分类，分为厨余垃圾和其他垃圾，厨余垃圾投入集中的堆肥池进行发酵，用于田间施肥，其他垃圾送到垃圾中转站，尽量减少垃圾转运量、处置量。

乡村市政设施配置详见表7-13。

表7-13 乡村市政设施配置

范围	专业	设施	备注
农村中心社区	给水	管网	按人均综合用水量标准远期180升/（人·日）确定
	排水	小型污水处理站	每个农村中心社区不少于1座
	电力	电网	全覆盖
	电信	光节点	每个农村中心社区不少于1个光节点，每个光节点2000线
	移动	基站	村级信号全覆盖
	有线电视	光节点	按每500—2000用户1个光节点布置
	邮政	邮政代办点	每个农村中心社区1座
		信报箱	每户1个
	燃气	管网	远期实现管道天然气
	环卫	垃圾收集站	每个农村中心社区不少于1座
		公厕	每个农村中心社区不少于1座
		垃圾箱	设置间隔80—100米
农业	水利	灌溉	建立完善的灌溉体系

（三）水资源配置

1. 水资源需求预测

草尾镇2030年水资源需求预测详见表7-14。

表7-14 草尾镇2030年城镇居民综合需水量

范围	镇区	2030年人口（人）	现状水厂可供水量（立方米/日）	用水定额[升/（人·日）]	2030年用水量（万立方米/日）
中心镇区		50000	3000	350	1.75
农村中心社区	2号	1400		180	0.36
	3号	1120		180	
	4号	1700		180	
	5号	6500		180	
	6号	3700		180	
	7号	1380		180	

续表

范围	镇区	2030年人口（人）	现状水厂可供水量（立方米/日）	用水定额[升/（人·日）]	2030年用水量（万立方米/日）
农村中心社区	8号	4200	3000	180	0.36
合计		70000	3000	1610	2.11

（1）农业灌溉需水预测

农业灌溉需水量预测详见表7-15。

表7-15　农业灌溉需水量预测

规划年	保证率	需水量
2030	95%	43145.8
	75%	45645.2
	50%	37361.4

（2）渔业需水预测

渔业需水量预测详见表7-16。

表7-16　渔业需水量预测

规划年	渔（万立方米）	总需水量（万立方米）
2030	3525.0	7030.0

（3）其他需水预测

其他需水量预测详见表7-17。

表7-17　其他需水量预测

规划年	总需水量（万立方米）
2030	15178

2. 供水方案

（1）城乡集中供水方案

由供水平衡分析可知，2030年草尾镇中心镇区和农村中心社区集中供水最高日规模达2.11万立方米/日。现状保留0.2万立方米/日，2030年规划新增1.91万立方米/日。

（2）农业供水方案

根据水资源高效利用的原则，农业供水主要满足一般干旱年的农业灌溉要求，适当考虑特殊规划年的农业灌溉用水。用水来源为镇域内河流（过境河流草尾河）、沟渠等，满足平水年的农业用水需求，干旱年份缺水时，规划措施为清淤河流、沟渠，建设草尾河引水工程。

3. 重点工程建设

重点工程建设主要是自来水厂建设，详见表7-18。

表7-18　草尾镇自来水厂建设规划

规划年限	水厂名称	规划规模（万立方米／日）	水源
2030	中心镇区一水厂	0.1	地下水
	中心镇区二水厂	0.2	地下水
	中心镇区三水厂	1.81	地下水

4. 非工程规划

非工程措施有：行政手段，利用法律约束机制和行政管理职能，直接通过行政措施进行水资源配置，实现水资源的统一优化调度；经济手段，通过建立合理的水使用权分配和转让的经济管理模式，建立合理的水价形成机制，利用市场加以配置，提高水的利用率；科技手段，通过建立水资源实时监控体系，提高水资源调度水平，科学、有效、合理地进行水资源配置。

特殊干旱年、连续枯水年及突发性事故应急对策有：预防性措施，建立干旱、污染的监测、预报系统，特别是水源地的水质安全预警自动化监测系统；建立抗旱、抗污决策系统，加强防灾、减灾指挥的组织和应变能力；加强资源储备，如加大水清淤沟渠，地下水作为应急水源的建设。特殊干旱年、连续枯水年应急对策，采取草尾河、洞庭湖引水应急调度措施；在可持续利用的原则下，开采地下水；制订紧急情况下限量定时供水措施和供水方案；建立动态水价，以市场机制调节用水；有条件占用部分生态用水，前提是不对生态环境造成不可逆转的破坏。

（四）节水规划

节水规划包括三个方面，分别为农业节水、生活节水和工业节水。

农业节水措施包括：调整农业产业结构，优化产业布局；推广节水灌溉技术，提高用水效率，减少农业面源排放；发展节水养殖，有效控制入河污染负荷；实施多种节水灌溉管理模式。生活节水措施包括：改造城镇供水管网，降低管网漏失率；普及节水型生活用水器具和用水计量设备；落实水价改革政策；开发利用非传统水源，发展市政环境节水技术。工业节水措施包括：进一步优化工业产业结构和产业布局；创建节水型园区、节水型企业，

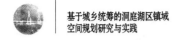
加强企业用水管理；落实工业行业用水定额，完善工业用水水价政策。

二、给排水工程规划

（一）供水现状及存在问题

1.部分水厂原水水质差

草尾镇目前水厂有2座，原水取自地下水，由于水质含矿物质较多，水质较差。

2. 水质监测手段落后

随着经济快速发展，水环境污染加剧，水厂监测手段落后，供水水质安全难以保证。

3. 输配水系统安全性差

草尾镇管网建设极不平衡，主要集中在中心镇区建成区，多为枝状管网，管材质量低劣，多已老化，各街道尤其突出。供水管网均以水厂为中心组成独立的供水网络，互不联通，安全性差。

4. 各行政村集中供水

现有24个行政村和1个专业渔村，目前采用的供水方式主要为自压井供水。无统一供水方式。

（二）给水规划思路

1. 规划思路

建立区域供水集中管理系统，实现水资源优化配置。将供水体系在全镇内实现统一调配和管理。通过调整水厂布局，实现供水系统联网运行。坚持统一管理与分级管理相结合，实现地表水、地下水资源的统一调度和管理；同时将水资源配置、水源保护、城市供水、节水、市政排水、污水处理、地下水开发和利用等管理职能一并纳入统一的管理体系。打破城乡、部门间的界限，确立城乡供水、节水、排水一体化的管理体制，实现镇区与农村、地下水与地表水、水质与水量、供水与排水、用水与节水、防洪与排涝等的统一管理；考虑乡村地区集中供水。

2. 一体化供水必要性分析

促进城乡协调发展，维护农民的健康利益，随着经济的快速发展，水环境污染渐趋严重，农村地表水水质逐渐变差，应实现城乡一体化供水，做到城乡同管供水，改善农村地区的饮水水质，提高农村地区的生活质量。区域统一供水，提高供水效率，实施统一供水的水厂，规模大，数量少，管理集中，基建投资省，占地面积小，原水水质较好，出水水质有保证。统一供水的实施，有利于控制地下水的开采。

（三）需水量预测和自来水厂规划

草尾镇2030年需水量预测详见表7-19。

表7-19 草尾镇2030年城镇居民综合需水量

范围	镇区	2030年人口（人）	现状水厂可供水量（立方米/日）	用水定额[升/（人·日）]	2030年用水量（万立方米/日）
中心镇区		50000		350	1.75
农村中心社区	2号	1400		180	
	3号	1120		180	
	4号	1700		180	
	5号	6500	3000	180	036
	6号	3700		180	
	7号	1380		180	
	8号	4200		180	
合计		70000	3000	1610	2.11

预计在2030年前，建设三个自来水厂，其供水规模分别为0.1万立方米/日，0.2万立方米/日，1.81万立方米/日，均以地下水为取水水源。

（四）排水规划

现状镇区和各村庄排水主要为自由式无序排水方式。为促进高效资源使用，打破行政区划界限，统一按照流域划分排水分区，根据地形确定管网走向；从污水再生利用的角度规划污水处理厂布局；从集中与分散处理相结合的角度统筹考虑城乡污水的处理模式。根据污水综合排放系数0.8，预测到2030年污水总量1.7万立方米/日，规划合理布置排水设施厂站，完善排水管

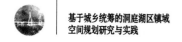
网体系。根据实际状况，计划在中心镇区规划一个污水处理厂，其占地规模为0.8公顷，日处理污水量为1.4万立方米/日，逐步建立健全污水处理系统，使城区污水集中处理率达到90%以上，污水处理率达到100%以上。

农村中心社区建立初步的排水管网系统，采用截流式管网系统。污水遵守集中与分散处理相结合的原则，结合乡村实际情况，选用小型污水处理装置处理后排放，详见表7-20。

表7-20　污水处理配置

序号	污水处理厂	收集范围	占地规模（公顷）	处理规模（立方米/日）
1	2号	2号农村中心社区	0.6	2016
2	3号	3号农村中心社区	0.5	1613
3	4号	4号农村中心社区	0.5	3825
4	5号	5号农村中心社区	0.7	9360
5	6号	6号农村中心社区	0.6	5328
6	7号	7号农村中心社区	0.5	1988
7	8号	8号农村中心社区	0.7	6048
合计			4.1	30178

三、供电工程规划

（一）供电工程现状及存在问题

草尾镇售电量和用电负荷多年持续快速增长，多年年均增长率高达20%，国民经济持续走强是电力市场快速增长的根本原因。经济快速发展和城市化快速推进，是用电量和用电负荷上升的主要原因。草尾电网是沅江电网的一部分，草尾电网现有电压等级为110千伏、35千伏、10千伏、0.38千伏。现草尾镇存在1座110千伏的公用变电站。

随着中心镇区和农村用电量的剧增，总变电容量不能满足经济建设快速增长的需求。现状电网结构单薄，农村网络还占有相当大的比例，且大部分农网设施为80年代建成，设备陈旧，网络的安全可靠性不够。现有变电站主变容量较小，不适应建设高负荷密度区的要求。

（二）电力规划思路

根据城乡用地布局、人口容量、开发强度进行城乡一体化的电力工程布局。

从城乡一体服务的角度规划布置电力设施，大力推动城市基础设施向农村延伸。统筹规划共建共享，缩小城乡差距，促进管理和服务升级，最终实现同网同价同质服务，减少农民负担；统筹供电优化电网，联合资源协调发展，实现节能节地的目标；加强电网建设，完善电网主网结构，加强电网与周边地区电网联系，提高电网受电、供电能力和供电可靠性；满足国民经济发展的需求；实现电力可持续发展、资源合理利用、环境不断改善。

（三）电力负荷预测

草尾镇用电负荷包括中心镇区和农村中心镇区的用电。根据预测，草尾镇最大负荷约为154万千瓦。本次规划电力负荷采用人均综合用电预测法，预计到2030年，草尾镇区远期电力负荷为9.25万千瓦。

根据合草尾镇农村居民的生活条件和电力发展趋势，规划期末农村人均量将按6000千瓦时计，最大负荷用电时间按4000小时/年计，即农村用电负荷约为：（6000÷4000）×20000=3万千瓦。综上所述，草尾城乡总电负荷预测结果如下：9.25+3 =12.25万千瓦。

（四）电网和变电站规划

草尾电网是沅江电网的一部分，规划维持草尾电网110千伏单环网结构。10千伏的电力网络在中心镇区和农村中心社区采用环网布局模式，保障电力的供电完全可靠。

草尾镇现状拥有1座110千伏变电站，即草尾变电站。根据用电负荷的预测和农村中心社区居民点布局规划，规划在草尾中心镇区布置4个开关站，在5号集中居民点和6号集中居民点布置2个开关站，保障整个草尾镇区的用电负荷。

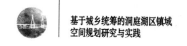

四、通信工程规划

（一）邮政工程规划

草尾镇现有邮政支局1座和3座邮政代办点。服务半径过大。随着草尾中心镇区和农村中心社区建设步伐的加快，中心镇区和农村中心社区人口的增加，邮政服务网点建设速度明显落后于经济社区发展速度。

随着现代邮政特快、电子邮政等新型业务的产生，以及邮政交通工具的改善，现代邮政局所的服务半径和服务能力都显著提高，所以，本规划根据同类地区的实际情况，按照城市居住区和公建区邮政局所服务范围为3—5平方千米/座，进行邮政局所总体布局规划。

对于邮政业务量密集的地区，可以采用租赁、合建等形式，增加邮政业务网点。提高邮政局所分布的灵活性。根据草尾镇用地布局特点，预计全镇共需要设置约1座邮政支局和9个邮政代办所。

（二）电信工程规划

草尾镇电信2011年底固定电话用户达到2.1万户、宽带多媒体用户达到0.8万户。草尾镇拥有草尾1个端局。电信工程规划符合国家和通信相关部门颁发的各种通信技术体制和技术标准；规划以社会信息化的需求为主要依据，保证向社会提供普遍服务能力；充分挖掘现有通信工程设施能力，合理协调新建通信工程的布局。城镇电话普及率按65%计，农村电话普及率按35%计，预计城镇电话装机数约3.25万部，农村电话装机数约为0.7万部，城乡电话总装机数约为3.95万部。

根据未来的城镇建设用地布局特征，设置1座电信局所，并在7个农村中心社区布置7个电信代办所。电信局所占地达4000平方米。

本规划区不新增微波通道。实现统一规划、统一建设、统一管理和资源共享，加快全镇通信管道的建设。结合道路建设配套建设通信管道并对部分通信管道进行扩容，逐步形成以主干、次干和一般通信管道组成的通信管道体系。主干通信管道为18—24孔，次干预留12—18孔，其他道路预留6—8孔。

（三）广播电视工程规划

至2011年，草尾镇有线电视普及率达到100%；全镇共有25个村通上了有线电视，通达率100%。未来将在中心镇区附近，设广播发射台，占地面积为20亩。

五、燃气工程规划

目前，草尾中心镇区和各行政村，主要采用液化石油气作为主要气源。在中心镇区西侧，沿着益南高速建设"西气东输"高压B级天然气干管，并且在互通口附近，设有"西气东输"中—低压调压站。继续借助互通口的"西气东输"中—低压调压站向草尾中心镇区和各农村中心社区输送天然气。合理划分"西气东输"的服务范围，建成区采用环状低压天然气干管联网供气。预计2030，天然气用量将达到84万立方米/年。

六、环卫工程规划

预计规划期内，城镇区居民生活垃圾产生量达到60吨/日，农村居民生活垃圾产生量为24吨/日，即草尾镇生活垃圾总量达到84吨/日。远期在沅江市城乡统筹的整体统筹下，草尾镇域的垃圾送往垃圾焚烧发电厂和垃圾卫生填埋场，便于减轻垃圾污染和处理综合成本。近期，草尾镇的垃圾送往本镇的垃圾填满场填埋。沅江市垃圾焚烧发电厂工艺先进、垃圾完全燃烧，减少燃烧过程的大气污染。垃圾燃烧灰烬应实现卫生填埋或用作肥料，防止次生污染。草尾填埋场周边加强绿化防护，并且严禁设置城市建设用地，保障垃圾填埋的可持续利用。

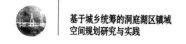
七、综合防灾规划

（一）消防规划

1. 消防现状、指导思想和规划目标

草尾镇现有消防队一个，编制6人，拥有消防车辆1部，草尾镇共有市政消火栓约56个。现有消防站服务面积过大，消防人员很难及时赶到火灾现场控制火情；消防水源严重不足，消火栓数量过少，且布点不合理；消防装备、供电设施、通讯设施、镇区消防车道等方面建设达不到城镇消防安全的要求。贯彻"预防为主，防消结合"的消防工作方针，针对草尾镇的特点，统一规划，合理布局，统筹兼顾，从实际出发，使消防规划能对今后草尾镇的消防建设起到切实的指导作用。

近期，以达到《消防改革与发展纲要》和有关消防规范基本要求为目标，逐步建立起消防法制健全、宣传教育普及、监督管理有效、基础设施完善、技术装备良好、体制合理、队伍强大、训练有素、保障有力、适应草尾镇经济社会发展和城镇建设特点的城市消防安全基本体系。远期，进一步增强全镇抵抗火灾尤其是抗御特大火灾的能力，提高各种建筑及化工火灾的救灾能力，实现消防队伍和设施向多功能方向发展，能够应付火灾扑救、抢险救灾及突发事件处理等。

2. 消防规划

（1）城市消防安全布局

根据《中华人民共和国消防法》的有关规定确定草尾镇的重点消防地区。重点消防单位由公安局每年根据具体的建设情况来确定，并加强消防监督。在总体布局中，必须将生产和储存易燃易爆化学危险品的工厂和仓库布置在边缘的独立安全地区，并与人员密集的公共建筑保持规定的防火安全距离。对消防设施不合理的旧城区及严重影响消防安全的工厂和仓库，必须纳入近期改造规划，有计划、有步骤地对其采取拆除、迁移或改变生产性质、使用功能等措施，消除安全隐患。

新建的各类建筑，要严格控制耐火等级。应建造一、二级耐火等级的建筑、控制三级建筑，严格限制四级建筑。对原有耐火等级低，建筑面积过大的旧城区进行改造，采取有力措施逐步改善消防条件，满足消防要求。地下空间（包括地下交通隧道、地下街道、地下停车场等）的规划建设与城市其他建设应有机地结合起来，合理设置防火分隔、疏散通道、安全出口和报警、灭火、排烟等设施。物流中心、贸易市场或营业摊点的设置不得堵塞消防车道或影响消火栓的使用。

（2）消防站布置

根据普通消防站的服务区范围不应大于7平方千米，且以消防队接到出动指令后，以正常行车速度，5分钟内可以到达其服务区边缘的原则布置。规划消防站用地和建筑规模必须达到《城市消防站建设标准》中的要求，按照消防站与其他用地相邻分布的实际情况，需要一定的隔离距离及满足消防官兵训练、活动等用地需求，草尾镇建设标准消防站一座，用地面积4500平方米。

（3）消防供水

供水系统是消防第一水源。消防供水主要依靠市政供水系统，要加强市政供水系统建设，提高供水能力。消防第二水源是除集中供水系统之外的其他消防水源，例如就近的天然地表水、江河湖泊池塘水渠、水井、大口井等。

（4）消防消火栓

在市政道路上新建或改建的给水管道，必须严格按照120米间距及十字路口60米范围内设置市政消火栓，超过60米宽的道路两侧均要设置消火栓。消火栓距路边不应超过2米，距建筑物外墙不宜小于5米。油罐储罐区和液化石油气储罐区的消火栓，应设置在区外。对于消火栓数量达不到要求的地区，应制订详细的补建计划，并限期强制补建。提高消火栓的质量标准，加强监督管理，减少消火栓的人为破坏及自然损坏，延长消火栓的使用寿命。消火栓最不利点水压不小于0.1兆帕，消火栓配水管管径不应小于200毫米。

（5）消防供电

指挥中心和消防总台按一级负荷考虑，采用双电源供电；各消防队按

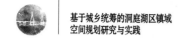

二级负荷考虑，采用双回路供电。供水、供电、供气、通信、医疗、消防等重要部门均应双电源供电。消防供电的安全对消防安全影响较大，电力部门应在加强电网建设的同时，加强消防电源的建设，确保消防设施的供电可靠性。在设计、施工、运行、管理中严格执行"用电负荷等级分类"的有关规定，确保建筑消防供电的可靠性，确保建筑内部消防和疏散设备在火灾时能正常启动。

（6）消防通信

形成由电子计算机控制的火灾报警和消防通信、调度指挥的自动化系统。一级消防重点保护单位至火警总调度台或责任区消防队，设有线或无线火警报警专线。设置火警调度台与供水、供电、供气、交通、环保等部门之间的专线通讯。电话分局至消防队接警室的火警总调度台或责任区消防队，设有线或无线火警报警设备。城市电话分局至城市火警调度台之间设置不少于两条火警专线。

（7）消防通道

主干路连通不同的消防站责任区，在大的火灾事故时，不同的消防站可以协同作战，同时进行火灾疏散。次干路应当覆盖整个规划区，保证消防车能够接近每个区域和建筑。消防取水的天然水源和消防水池，应设消防通道。每个建筑周边应按消防要求建设消防通道。在旧城改造和新区建设中，应确保变电站、电厂等供电设施的消防通道。

（8）村庄消防

通过建立消防安全管理网络，完善保安联防消防队，群众义务消防队等形成农村消防队伍，开展农村消防宣传教育，编制、实施消防规划等措施，构筑新时期农村消防工作新体系。主要在于加强领导，落实农村消防安全责任制；其次立足自救，大力提升农村防御火灾能力。

（二）防洪排涝规划

草尾镇洪涝灾害有两方面原因，一是流域降雨，二是洞庭湖湖水顶托。另外河道淤积、水域面积减少，也加大了防洪压力。目前草尾镇总体防洪标准偏低，不能满足城市化建设及经济发展的要求，存在的问题有：圩区及河道堤防标准不足；洪水来量与河道泄洪能力不足的矛盾突出；排水系统不完善；圩区排涝动力不足；防洪体系不完善。

镇区达到30年一遇防洪标准，其他地区达到20年一遇标准，圩区排涝标准为抵御10年一遇24小时暴雨，中心镇区和农村中心社区圩区涝水逐时排出，农业圩内48小时内排出。依据草尾镇水系分布、地形特点、土地利用条件、水利工程布局、洪水特性及防洪要求等因素，统一为一个防洪分区。整个草尾镇属于整个大通湖垸防洪圈。

第七节　城乡生态与资源保护统筹规划

生态与资源是人类生存和发展的基本条件，是经济、社会发展的基础。草尾镇拥有优越的生态本底、悠久的历史文化以及广阔的农业空间。加强生态与资源保护是草尾镇城乡统筹规划的核心工作内容之一。本次城乡统筹规划为应对这一形势，将生态与资源保护内容单独为一章，以期建立空间全覆盖的保护规划，提高管理的可操作性。

一、生态与资源保护现状问题

草尾镇是典型的洞庭湖冲击平原，由于缺乏生态保护，缺乏空间上的统筹，管理系统不一，未能明确边界，部分水源、湿地、公益林等敏感生态功能区受到破坏。

伴随经济发展的是建设用地的不断扩大，而建设用地面积的扩大，大大改变了居民点与自然的图底关系，农业空间不断受到蚕食，社会经济快速发展对农业生态系统的压力不断加大。此外农业已成为生态破坏和环境污染的产业，正制约着其自身的持续发展。化肥农药的使用严重影响了农业生态环境，同时农业生产环境还面临着水土流失等农业生态系统退化问题。

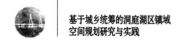
二、生态保护目标与区划原则

（一）生态保护目标

草尾镇生态保育目前面临的最大问题是建设空间的无序扩张对各种生态要素侵蚀，尤其是对生态敏感地区的破坏，致使生态安全和生态承载力受到严重威胁。构建与城乡发展体系相平衡的自然生态体系，形成城乡生态安全格局，实现城乡生态良性循环，促进城乡与自然的共生，是保障、促进、引导城乡可持续发展的必然选择。

维护区域生态安全格局，促进城市生态功能改善，设置水源保护区、湿地保护区、公益林。到规划期末，退化的生态系统得到合理修复，生态系统功能大为提高，全面实现生态城镇建设目标。

（二）生态功能区划原则

为有效实现生态保护目标，需要根据草尾镇土地的景观生态类型与生态系统功能的空间分异规律，对全镇进行生态功能区划，认识不同区域的主要生态功能，维护区域生态安全，为资源合理利用提供科学依据和管理手段。

1. 可持续发展

避免盲目地进行资源开发和生态环境破坏，促进有限资源的合理利用与开发，强调合理利用自然资源，维护资源的再生能力，坚持把规划区域建设与合理利用土地资源、保护生态环境结合起来，为城乡统筹发展实现可持续的经济、社会与环境的协调发展提供保障。

2. 相似性和差异性结合

城乡生态分区应当遵循区域在生态环境结构上的相似性和差异性相结合的原则，使局部地区生态系统结构、过程和服务功能存在某些相似性和差异性。

3. 突出主导功能与兼顾其他功能相结合

自然资源的多样性和自然环境的复杂性，使不同的区域具有不同的功能，甚至同一区域具有几种不同的功能。根据景观生态学异质共生原理，在大的生态功能区内，其主体功能应该是明确的，各个生态小区的生态功能，应该服从于主体功能，但不是盲目求同。

4. 与管理结合

生态功能分区最终是为管理服务的，在确定生态功能区划时，除了要考虑生态系统的特点外，同时要考虑与现行的行政区划、社会经济属性相关联，确定功能区边界时要尽量与各类管理界线接轨，以便于管理的实施。

三、生态功能区划与管制

（一）禁止开发区

禁止开发区包括：饮用水源保护区的一级保护区，重要水源涵养区内生态系统良好、生物多样性丰富、有直接汇水作用的林草地和重要水体，河流、重要湿地内饮用水源地一级保护区、野生动物繁殖区及栖息地。

（二）限制开发区

限制开发区指除禁止开发区外，生态敏感性最强，系统稳定性差，很容易受外来干扰的影响，对人居环境具有重要意义，需要重点管理和维护的区域。草尾镇限制开发区面积为3平方千米，包括特殊生态产业区等范围。限制开发区内在不影响其主导生态功能的前提下，可以开展一些对生态环境影响不大的建设和开发活动。

（三）建设开发区

建设开发区指规划期限内，结合社会经济发展需要，进行城镇开发建设的地区。该区域人口密度、建筑密度和经济密度都很高，是人类建成并支持的系统，不具备自维持能力。在长期的人为干扰下，生态质量有所下降。

建设开发区面积为7平方千米，包括工业区、居民区以及其他城镇功能区。建设开发区生态管制要求如下：①预留规划建设空间单元的隔离带，控制城镇无序蔓延；②结合区内公园绿地，缓解城市热岛效应，提供氧源、空气净化、水土保持、休闲游憩等生态系统服务功能；③加强滨河绿化带、交

通干道绿化带建设，根据区域服务需要，合理搭配物种结构，以满足景观美化、空气净化、噪声削弱、污水处理等功能需求；④提高政府机关、企业单位、居住小区等生态单元的绿地覆盖率，以及建成区人均绿地面积，改善城市生活环境质量，提高人们生产和生活的舒适度。

四、生态农业保护

（一）生态农业保护目标

生态农业是指在保护和改善生态环境的前提下，遵循生态经济规律，将农业系统和生态经济统一起来，以取得最大的生态经济整体效益。生态农业要求农业生产发展和资源、环境及有关产业协调发展，使生物与环境之间得到最优化配置，具有合理的农业生态经济结构，农业生产力布局适应最佳生态环境，生态和经济达到良性循环。发展生态农业是解决人口、资源、环境之间矛盾的有效途径，能够实现经济、环境、社会三大效益的有效统一。

（二）生态农业保护主要措施

1. 珍惜土地资源，切实保护耕地

对耕地资源进行合理开发、利用、保护和管理，避免耕地资源的缩减和退化，实现耕地资源的持续利用，有利于农业生产的持续发展。加强建设用地的规划管理，严格控制非农业建设用地规模，积极开展基本农田保护工作，划定基本农田保护区，严格控制农业内部结构调整占用耕地，保护有限的土地资源。

2. 通过高效农业工程提高农田质量

结合"万顷良田"专项工程对基本农田的整理和适当集中发展要求，高标准建设农产品规模基地，加快促进现代农业园的发展，发挥品牌带动作用。

3. 加大科技投入，推进产业化农业基地

逐步建立与市场经济相适应的农业产业体系，推进农业产业化，实现农业、生态、经济的良性据环，实现农业资源优化田置和生产要素的重新组合和农业的可持续发展。建设优质稻米生产基地、双低油菜生产基地、专业化蔬菜（叶菜）生产基地、无公害水产养殖基地、苗木花卉基地等。

4. 发展循环经济农业

建立畜禽粪尿的收集利用系统，减少化肥使用量，减轻环境的污染，提高农产品的品质。建设沼气工程，构筑"畜—沼—菜""畜—沼—果"等生态农业模式链。加强农作物秸秆的利用，大力发展立体种养结合的生产方式，充分　利用季节和空间，合理节约和利用资源。

第八节　城乡统筹发展引导与实施机制规划

一、草尾镇农民未来发展出路的2种模式

回顾本次城乡统筹规划，可以清楚地发现草尾镇农民未来将具有以下2种出路，详见表7-21。

表7-21　草尾镇农民居住迁移特征

迁移特征	序号	迁移目的地	住房问题		就业与收入	社会保障	资金	土地指标	政策	备注
			购房方式	选房原则						
向中心镇区迁移	1	就近迁入中心镇区	宅基地换房——构建房屋评估体系（依据区位、质量、面积等），给予农民一定的补偿	给农民充分的自主选择权，依据自己条件选择迁移目的地，全采用市场化手段，非定向的实施"农民安居房工程"	获得新的发展与就业机会，亦可兼顾农业，收入较稳定	纳入城市社会保障体系	基本平衡	置换	为新市镇基础设施建设进行投资，并给予新的发展机会，TOD，房地产开发等以及由此带来的就业	—
原地不迁移	2	向农村中心社区集中	房屋品质得到大幅度提升，居住环境大大改善，吸纳城市居民居住	从事现代农业，发展兼业，收入较稳定	乡村社会保障体系	—	—	更优惠的支农、惠农政策	—	原地不迁移

187

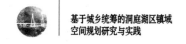
根据现状以及结合"非定向农民城镇化保障性住房"政策，大致得出草尾镇农民的迁移方案：在小城镇住房建设中，安排一定比例作为农民城镇化保障性住房，参考经济适用房，并制定更优惠的价格，购买对象限于农民但原则上不针对特定村庄；农民可以（但不一定）以宅基地、农地流转作价抵扣部分或全部房款。

本方案有以下特点：①不将宅基地置换、农地流转作为一种强制性行为和特定地区必须实施的行为，而是为更普遍地区农民如果有意愿城市化、置换宅基地和流转农地提供一种制度性的利益转换。农民在拥有选择权的同时，可以根据自己城市化条件的成熟与否进行抉择，避免被动城市化导致后续工作、生活的不稳定。②这一政策面向普遍意义的农民（至少是普遍地区）、农民自愿选择，从而双方面都有更好的公平性。③政府所要支付的成本是可控的、基于市场原则的，避免了现有的"一对一"拆迁"补偿"谈判下成本不断走高、城市化所带来的本应全社会共享的利益流入小部分人群、最终还摆脱不了要"政府强制"的尴尬局面。④就全社会而言，基本解决了健康的农民城市化（条件比较成熟了，却又受制于城市里的房价、户口，以及农村里"财产"带不走；而这种条件的成熟一定是分散的）面临的巨大障碍，同时也使政府解决公共住房问题这一惠民大政策真正惠及广大农民。⑤一种乘数效应显著而且非常积极的大规模扩大内需举措（受益面广、方式公平而且真正松开了影响发展的一个"扣"）。

二、畅通农民城镇化路径，协调城乡建设用地置换与农地整理

（一）发展权激励

村集体以村集体建设用地或组织农民个体宅基地这两种形式置换规划机遇（发展项目），并鼓励共同参与规划发展。有利条件包括：发展项目的带动效益，村集体用地置换发展项目后所得的入股分红，以及农民个体的就业、社保项目中针对农民的低价住房和商铺等。改变高成本、纯生活性（非资本性）、非劳动性、被动异地迁居补助模式。规划的是资源，这是政府公

共资源的最大体现。这些资源在合理范畴应公平竞争，有意愿、能发展的优先取得，都市区外围本身面临相对疏散的发展需要和条件，但是在哪里、孰先孰后往往是有弹性的。这种方式尤其对于都市区可以实现农民不迁居、渐进稳步发展。

（二）市场化宅基地换房、置换宅基地换城市建设用地指标

对于需要大规模土地置换的即将城市化地区，如新镇区等，可采用"宅基地换住房，承包地换社保"的方式。此外，对于其他地区，我们采用"市场化宅基地换房、置换宅基地换城市建设用地指标"的方式，更加强调市场化的因素。扩大经济适用房、保障性住房范畴，其中增设特别针对农民城市化的经济安居房。控制该类住房有比一般经济适用房更优惠的价格，同时最重要的，可以以宅基地及其房产抵扣房款。宅基地价值、房产等按公允的评估价格计算。

面向更广大的农民。需要支付一定金额。这样农民可以根据自己能力渐进城市化；城市支付成本也是基于合理值、稳定值，而不是现在的无利润可言的状态。城市虽然不再定点拿地，但是可以设定范围。然后总体另外获得指标，进行特定地点开发。这样不仅有利于加快农村地区有条件农民的城市化，也极大地促进农民工城市化。

三、完善农民自组织机制，营建民主而高效的农村集体决策环境

进一步明确农村合作经济组织的法律地位和类型。在已经出台的农民专业合作社法的基础上，尽快出台专业联合社、金融服务类、社区农村合作经济组织的相关法律。通过法律规定和农村合作经济组织的自身章程，明确其身份、划分及类型，对不同类型的农村合作经济组织适用不同的法律规定和政策支持项目。具体可能的政策包括以下几方面。

（一）加大财政扶持力度

农业部门要重点扶持农村专业合作组织开展的标准化生产、无公害基

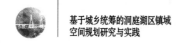

地建设、农产品市场营销、农业产业化及新品种、新技术引进等。农业综合开发等项目安排上，也要向运转规范、管理严格的农村专业合作经济组织倾斜。针对农村专业合作经济组织从事的科技开发和科技推广项目，经过论证和筛选，凡符合条件的，科技部门要列入科技专项资金支持范围予以扶持。

（二）落实税收优惠政策

按照国家有关税法规定，对农村专业合作经济组织在农业生产的产前、产中、产后提供技术服务和劳务所得的收入暂免征收企业所得税；对农村专业合作经济组织销售自产农产品，免征增值税；对从事农业机耕、农机维修服务、排灌、病虫害防治、农牧保险以及有关农业技术培训业务和家禽、畜牧、水生动物配种和疾病防治的收入免征营业税；对农村专业合作经济组织销售的农产品，符合税法规定范围的，按一定比例的税率计征增值税。

（三）加强资金信贷扶持

农村信用合作社和有关银行每年要积极支持解决农村专业合作经济组织生产经营所需的资金问题。开展农村专业合作经济组织的信用等级评定工作，对具备企业法人资格的农村专业合作经济组织可授予一定的信用额度，在各种贴息贷款项目和小额贷款上向农村专业合作经济组织倾斜。鼓励农村专业合作经济组织与农产品加工企业联合建立信用联保中介机构，设立担保基金，解决生产资金贷款难的问题。

（四）给予用地、用电优惠

农村专业合作经济组织创办农业科技示范基地、发展花卉苗木和从事农产品收购等需要临时用地的，可由村集体经济组织按照自愿、有偿的原则，采取租赁、入股等形式予以解决。鼓励农村专业合作经济组织兴办农产品加工企业，所需的建设用地指标，可由国土资源管理部门优先安排。农村专业合作经济组织进行农产品初级加工的用电，由电力、物价部门核准，执行非普通工业用电电价。

（五）鼓励各类人才积极参加、创办农村专业合作经济组织

农业科技人员经组织人事部门批准到农村专业合作经济组织任职、兼职或担任技术顾问，或从事技术开发、技术承包、技术服务的，允许其按贡献大小取得相应报酬；以资金或技术入股的，允许其按所在农村专业合作经济组织《章程》规定的比例分取红利。

（六）切实保护合法权益

任何单位和部门不得向农村专业合作经济组织乱摊派、乱集资、乱收费、乱罚款。符合登记条件的，工商、民政等部门应依法准予登记。对于新组建的农村专业合作经济组织，在登记注册时按最低收费标准收费。农村专业合作经济组织在依法取得农资经营许可后，可以向社（会）员以优惠价经销种子、化肥、农药等生产资料，可以收购、加工社（会）员生产的各种农产品。

四、优化城乡统筹发展的整体体制机制环境

当前的考核体系基本以 GDP 为指向。这种体系忽视了不同层级、不同类别的政府和职能机构的差异性，且不能准确全面反映社会经济发展状况，因而造成一系列严重后果，如牺牲环境换取 GDP 增长、导致行政区经济下行、引发招商引资中过度竞争等。因此，改变这种以 GDP 为中心的考核体系对于区域统筹发展可以从以下三个方面考虑。

（一）区域发展的机制

区域的整体发展依靠的是不同层级和类型的职能部门的共同作用，而不同的政府的核心职能存在差异。

比如区域政府的主要职能是促进全区的统筹协调发展，因此 GDP 不应作为主要的衡量因素，全区的基础设施配建、公共服务设施的完善，乡村地区的保护与发展是核心考虑因素；而都市组团内的政府的主要职能是促进城市化地区的高效发展，并提升城市综合竞争力，因此发展经济是其主要职能；

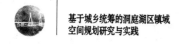

基于城乡统筹的洞庭湖区镇域
空间规划研究与实践

而对于以生态、绿色为导向的都市绿郊政府，其主要职能为粮食生产、生态保育、休闲旅游，因此生态环境质量和耕地保护情况应作为主要考虑因素。

（二）差别化考核指标的建立

政府的绩效考核应该围绕着其核心职能的完成情况进行，总体而言，按照职能的不同，政府可分为两大类，对不同类型的政府进行差别化的考核，是保证区域良性发展的基础。

一是区域型政府。这类政府的主要职能是协调全区域的发展，因此考核的主要指标包括：区域基础设施的建设，区域公共服务设施的建设、乡村地区的保育与控制、城乡社会保障系统的衔接、农村公共设施的配建、基本农田的保护等。

二是实体型政府，如各级街道政府。这些政府管理某一具体的实体区域（主要是城市化地区），考核的主要指标包括：国内生产总值（GDP）、人均可支配收入、社会固定资产投资、招商引资投入、二产产值及三产产值等。

（三）财政金融体制的保障

要利用好财政支付转移。由于差别化的职能分工，许多主要职能并非是经济发展的地区为保证农业生产、生态环境维护付出了代价，因此需要在全区建立起财政转移支付制度，平衡各次级区域的发展，加大针对乡村地区的投入。

要增加社会性关键项目的投入和非建设性项目投入，支持大中型农业基础设施建设项目及重要的农业科技项目及生态保护等项目的投入。建立信用担保机制，建立农业领域信用担保贷款，动员和吸引更多的社会资金流向农业和农村。

要将土地出让资金投向农村。制定合理的政策，将土地使用权出让收益按一定比例返还农村，用于发展村级集体经济和解决"失地农民"的福利。同时，在保障村集体资金收益的情况下，将在土地征用过程中，给予村集体组织的征地补偿金留在农村、发展农业。

五、完善规划实施机制，加强空间管理

（一）增长边界管理

增长边界管理是控制城市用地的无序蔓延的一种卓有成效的方式。增长边界（UGB）简而言之就是城市土地和农村土地的分界线。增长边界管理即是通过划定增长边界，将发展控制在一定的空间范围，以促进区域内部土地的集约利用，保护基本农田，减少环境污染。

增长边界管理包括以下四个方面。

第一，严格规划许可，划定增长边界。将都市组团边界作为增长边界，增长边界之外的用地不允许进行城市建设。控制UGB不仅是设置一道屏障和界限，还需要划出重要的自然保护区域并提供市民休闲场所，更重要的是为城市未来的潜在发展提供合理疏导，具体而言包括：控制土地供应、控制开发时序、控制地理位置。增长边界的划定可以从两个方面考虑：一方面是基于用地规模预测的城市建设用地发展边界的划定，另一方面是基于生态安全的非建设用地发展边界的划定。

第二，定期对增长边界进行调整。城市建设用地发展边界主要是通过对建设用地规模的预测而得到的。由于城市发展规模的不确定性，用地发展边界并不是一成不变的，需要随着城市的发展而不断进行调整，城市增长边界是弹性的。

第三，划定城市非建设用地的刚性边界。从生态保护的角度出发，划定城镇非建设用地，刚性边界以内通过严格的管制手段，作为永久的生态用地进行保留。

第四，建立"限期用地许可"制度。借鉴"临时建设用地许可"的做法，对一些近期内具备明显效益，产品生命周期较短，在现有规划建设用地中无合适位置的项目，可在非禁止发展区范围内，暂时改变用地性质或开发时序，适量发放"限期建设用地许可"，以实现滚动式开发，在时间维度上拓展用地潜力，提高土地产出。

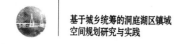

"限期用地许可"的发放主要适用于如下几种情况：①战略储备空间的暂时过渡：在规划范围以外，位于战略储备空间内用地的限期使用，使用期限满之后恢复原用地的使用形态。②远期用地的功能置换：在远期用地内暂时改变用地性质，使用期限满之后恢复规划用地性质。③远期用地的提前使用：不改变用地性质，在规定期限内提前使用远期用地。

限期建设许可制度应遵循如下几条规定：①基本农田保护区和生态保育区内禁止发放"限期用地许可"。②限期用地的使用不可影响该用地的后续开发使用，使用期限满之后应恢复原有用地的使用形态，费用由使用者承担。③限期用地应依法向市规划主管部门申领限期建设用地规划许可证，并与市土地主管部门签订临时使用土地合同。核发限期用地规划许可证，应对其使用性质、位置、面积、期限等作出明确规定。④限期用地的使用年限，按照产业生命周期，一般在5—15年，回笼的资金用于城乡建设。⑤限期建设用地上只允许建设临时建筑。临时建筑的设计、施工、招投标活动应遵守相关法律、法规、规章及技术标准的规定。具体管理办法由相关职能部门另行制定。不得擅自改变临时建筑的使用性质。⑥限期用地上临时建筑的期限与限期用地的期限相同，期满必须自行拆除，费用由使用者承担。

（二）建立城乡统筹（全覆盖）的规划管理体系

以《中华人民共和国城乡规划法》为城乡规划统一的法律基础，统一城乡规划权限于规划口径。同时，按照高标准的"最不利原则"统一规划管理标准。

在上述基础上，按照草尾镇城乡统筹的发展目标，建立健全城乡规划管理体系，实行城乡规划一体化管理。建立健全城乡规划编制、审批、实施和监督检查的管理机制，在编制和实施环节，扩大街道、社区级的参与权，建立公示制度和利益相关人参与制度。提高规划编制水平，实现全镇城乡空间（建设用地+非建设用地）控制性详细规划全覆盖，进一步增强规划的科学性、权威性和约束力。加强国民经济与社会发展规划、土地利用总体规划、专项规划和城市建设规划的衔接，实现全镇城乡建设与生产力布局的有机融合。

参考文献

[1]崔越.马克思、恩格斯城乡融合理论的现实启示[J].经济与社会发展，2009，7（2）：14-16.

[2]叶长卫，李雪松.浅谈杜能农业区位论对我国农业发展的作用与启示[J].华中农业大学学报（社会科学版），2002（4）：1-4.

[3]何刚.近代视角下的田园城市理论研究[J].城市规划学刊，2006（2）：71-74.

[4]宗仁.霍华德"田园城市"理论对中国城市发展的现实借鉴[J].现代城市研究，2018（2）：77-81.

[5]解艳.霍华德"田园城市"理论对中国城乡一体化的启示[J].上海党史与党建，2013（12）：54-56.

[6]许经勇.刘易斯二元经济结构理论与我国现实[J].吉首大学学报（社会科学版），2012，33（1）：105-108.

[7]李冰.二元经济结构理论与中国城乡一体化发展研究[D].西安：西北大学，2010.

[8]李萌，张佑林.论我国西部大开发的战略模式选择——来自缪尔达尔"地理上的二元经济结构"理论的启示[J].华中师范大学学报（人文社会科学版），2005，44（2）：130-134.

[9]刘荣增.城乡统筹理论的演进与展望[J].郑州大学学报（哲学社会科学版），2008（4）：63-67.

[10]岸根卓郎.迈向21世纪的国土规划：城乡融合系统设计[M].高文琛，译.北京：科学出版社，1990.

[11]赵彩云.我国城乡统筹发展及其影响要素研究[D].北京：中国农业科学院，
2008.

[12]姜作培.城乡统筹发展的路径和措施[J].党政论坛，2004（3）：32-34.

[13]党双忍.创建新型城乡关系是城乡发展的战略要务[J].中国市场，2010
（42）：62-66.

[14]方丽玲.城乡关系的社会视角分析[J].大连海事大学学报（社会科学版），
2009，8（6）：14-17.

[15]陈希玉.城乡统筹：解决"三农"问题的重大战略方针[J].山东农业（农
村经济），2003（9）：12-14.

[16]田美荣，高吉喜.城乡统筹发展内涵及评价指标体系建立研究[J].中国发
展，2009，9（4）：62-66.

[17]陈鸿彬.城乡统筹发展定量评价指标体系的构建[J].地域研究与开发，
2007（2）：62-65.

[18]戴思锐，谢员珠.城乡统筹发展评价指标体系构建[C]//统筹城乡经济社会
发展研究——中国农业经济学会2004年学术年会论文集，2004：25-36.

[19]龚天郭.武汉市城乡统筹发展评价指标体系的构建及应用[J].金融经济，
2016（20）：47-49.

[20]江雪丽，罗靖桥，袁培.新疆城乡统筹发展水平分析与评价——基于因
子分析法[J].清远职业技术学院学报，2017，10（6）：25-29.

[21]刘洪彬，刘宇会.统筹城乡可持续发展评价指标体系框架研究[J].佳木斯
大学社会科学学报，2006（5）：45-46.

[22]钱慧，张博，朱介鸣.基于乡村兼业与多功能化的城乡统筹路径研究——以
舟山市定海区为例[J].城市规划学刊，2019（S1）：82-88.

[23]普荣.坚持以人民为中心发展理念下的中国城乡统筹发展路径机制[J].改
革与战略，2018，34（2）：40-46.

[24]王广华.西部欠发达地区城乡统筹发展路径探究——以贵州省为例[J].兰
州教育学院学报，2016，32（1）：59-60，158.

[25]周璐瑶，王曼莹.以产业推进城乡统筹发展的路径研究[J].经济纵横，
2014（12）：89-92.

[26]张秋.从"制度贫困"到"制度统筹"：城乡统筹发展的路径选择[J].中州学刊，2013（6）：36–40.

[27]贾宇.基于乡村视角的城乡统筹规划策略研究[J].建材与装饰，2019（2）：120–121.

[28]田柏栋.新型城镇化背景下的城乡统筹规划[J].建筑技术开发，2018，45（1）：29–30.

[29]刘闯.中小城市城乡统筹规划研究及其应用[J].中国高新科技，2020（24）：126–127.

[30]翁丽红.基于城乡统筹的现代美丽乡村规划设计研究[J].安徽建筑，2017，24（4）：105–106.

[31]李惟科.城乡统筹规划界说[J].城市规划，2021，45（3）：115–120.

[32]李琦.城乡规划与城乡统筹发展探究[J].住宅与房地产，2018（3）：218，227.

[33]刘家强，唐代盛，蒋华.城乡一体化战略模式实证研究[J].经济学家，2003（5）：56–60，104.

[34]许传新.成都城乡一体化模式对西部大开发的借鉴意义[J].四川行政学院学报，2007（3）：69–72.

[35]刘晨阳，周彤及，傅鸿源.重庆都市区城乡一体化发展模式分析[J].长江流域资源与环境，2005（6）：12–16.

[36]甄峰.城乡一体化理论及其规划探讨[J].城市规划汇刊，1998（6）：28–31，64–65.

[37]徐素，程遥.乡城互补的城乡统筹发展模式探索——以遵义市为例[C]//持续发展 理性规划——2017中国城市规划年会论文集（17山地城乡规划），2017：217–230.

[38]吴妤，刘玉莹，秦小辉.城乡统筹的城市化模式探索——以成都市为例[J].生产力研究，2010（5）：118–120，126.

[39]刘嘉汉.统筹城乡背景下的新型城市化发展研究[D].成都：西南财经大学，2011.

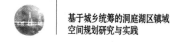
[40]单彦名,赵辉,侯智珩.以分区、分级模式为引导探索城乡统筹新路径[J].小城镇建设,2013(1):27-30,56.

[41]林文棋.城乡统筹的模式探索[J].北京规划建设,2010(1):12-13.

[42]曾志伟,刘彬,方程.中部地区小城镇空间规划思考——以湖南省为例[J].小城镇建设,2020,38(8):61-67.

[43]曾志伟,汤放华,宁启蒙.中部地区综合竞争力评价及提升路径[J].城市学刊,2019,40(5):12-17.

[44]易纯,曾志伟,宁启蒙.基于"两型"背景的新型城市化推进策略研究[J].安徽建筑,2012,19(3):11-12,15.

[45]曾志伟,汤放华,易纯,宁启蒙.新型城镇化新型度评价研究——以环长株潭城市群为例[J].城市发展研究,2012,19(3):125-128.

[46]曾志伟,汤放华,宁启蒙,易纯.新型城镇化与城市规划思变[J].中外建筑,2011(4):61-62.

[47]汤放华,曾志伟,易纯.湖南省小城镇发展机制、模式与对策研究[J].城市发展研究,2008(3):5-6,11.

[48]汤放华,仝娟,曾志伟.湖南省城镇体系结构分形研究[J].城市,2012(2):47-51.

[49]宁启蒙,欧阳海燕,汤放华,曾志伟.湖南省外向型经济发展区域差异研究[J].经济地理,2017,37(11):145-150.

[50]宁启蒙,汤放华,欧阳海燕.城郊型新农村建设规划研究——以益阳市赤江咀示范片建设规划为例[J].中外建筑,2009(12):84-86.

[51]王晓华,宁启蒙.环长株潭城市群新型城镇化与产业协同发展研究[J].山西建筑,2017,43(23):5-7.